序　一

随着改革开放和经济建设的蓬勃发展，现代社会对气象服务提出了更广泛、更专业和更精细的需求，开展重大规划和建设项目气候可行性论证，既是气象灾害风险防范必不可少的基础性工作，也能很好地预防规划建设可能对局地气候及环境产生不利影响，促进气候资源合理开发利用。

实践证明，气候可行性论证工作已成为发展公共气象服务和履行社会管理职能的重要领域，在应对和适应气候变化战略中发挥着越来越重要的作用。作者在杭州湾跨海大桥、檀头山风电场、象山港大桥等重大项目建设中，坚持以科学的态度开展气候可行性论证，克服重重困难，解决了诸多实际问题，也创新积累了不少有用的成果，走在了全国同类城市前列。本书全面总结概括这些经验和成果，既有理论意义又有实用价值，又可为下步工作的开展提供指导和借鉴！

社会的需要就是气象服务的不竭动力，希望宁波继续深化气候可行性论证工作，进一步提升解决实际问题的能力和水平，为宁波经济社会可持续发展作出新的贡献。

苗长明*

2020 年 5 月

---

* 苗长明，浙江省气象局局长。

序　二

宁波是河姆渡遗址文化的发源地。7000 年前的河姆渡人发明了干栏式建筑，而同时期北方地区的建筑形式则是半地穴房屋，这说明早在新石器时代人们已经知道如何去适应气候和利用气候资源。

宁波汇聚了浙江境内三大海湾，北有潮大流急的杭州湾，中有岸线曲折的象山港，南有地形复杂的三门湾，加之地处 30°N 附近，既是重大灾害性天气多发地带，也是台风影响最严重的地区之一。而且本地人口密度高，经济发展快，开展气候可行性论证工作很有必要。去年初，宁波市人民政府办公厅下发了《关于依法强化气候可行性论证工作的意见》，强调国家重点建设工程、重大区域经济开发项目要依法开展气候可行性论证，并要求各地各部门依据有关法规规定切实强化气候可行性论证的支撑作用。

多年来，我市气象科技工作者主动适应社会需求，不断拓展服务领域，形成了一支具有跨行业知识的专家型队伍，完成了一个又一个重大工程建设项目的气候可行性论证，取得了明显的社会经济效益。城市化进程的推进、科学技术的进步正不断推动着气候可行性论证这门新兴学科的发展，期待书中的研究成果能在扩展论证思路、强化技术研发等方面发挥积极作用。

谨向为该书付出辛勤劳动的全体人员表示衷心感谢和热烈祝贺！

*

2020 年 4 月

---

* 杨忠恩，宁波市气象局局长。

前　言

气候可行性论证是对工程建设或项目规划的气候风险性、适宜性及其对局地气候可能造成影响的论证和评估。气候可行性论证报告的编制必须依据相关法律法规进行，内容包括工程建设或项目规划的气候适宜性及潜在的风险评估，推算相关工程气象参数，分析主要灾害性天气对项目建设、运营的可能影响，并提出相应的应对措施和建议。

本书精选了9个典型而有特色的气候可行性论证报告，采用通俗易懂的图、表等方式对报告编制的方法、思路和主要内容进行了总结展示。全书共12章，分别从技术要求、成果实践、建议等方面加以论述。为节省篇幅，简化或删除了原报告中具有共性的气候特征分析部分和气象灾害及影响等描述。

在本书的编写出版过程中，浙江省气象局局长苗长明、宁波市气象局局长杨忠恩分别为本书作了序，不少同事和专家给予了大力支持和帮助，在此一并表示衷心感谢。

书中部分计算方法仅供内部参考，需要者可与作者联系。

由于作者水平所限，不足之处在所难免，敬请广大读者批评指正。

作者

2020年4月

目　录

第 1 章　气候可行性论证法规规定

气候可行性论证，是指对与气候条件密切相关的规划和建设项目进行气候适宜性、风险性以及可能对局地气候产生影响的分析、评估活动。为促进气候资源的合理开发利用，避免或减轻气象灾害对规划和建设项目的干扰和破坏，预防项目实施过程中或完工后可能对气候和环境产生的不利影响，我国出台了一系列涉及气候可行性论证的法规规定，如 2000 年起实施的《中华人民共和国气象法》为气候可行性论证提供了法律依据，2009 年起实施的《气候可行性论证管理办法》首次明确了气候可行性论证的基本定义。

开展气候可行性论证的相关法律法规和部门规章如下。

(1)《中华人民共和国气象法》(2000 年 1 月 1 日起施行)：

“第三十四条　各级气象主管机构应当组织对城市规划、国家重点建设工程、重大区域性经济开发项目和大型太阳能、风能等气候资源开发利用项目进行气候可行性论证。

具有大气环境影响评价资格的单位进行工程建设项目大气环境影响评价时，应当使用气象主管机构提供或者经其审查的气象资料。”

(2)《国务院关于加快气象事业发展的若干意见》(国发〔2006〕3 号)：

“(十八)开展气候可行性论证工作。各级气象主管机构要依法组织对城市规划编制、重大基础设施建设、大型工程建设、重大区域性经济开发项目进行气候可行性论证，避免和减少重要设施遭受气象灾害和气候变化的影响，或对城市气候资源造成破坏而导致局部地区气象环境恶化，确保项目建设与生态、环境保护相协调。”

(3)《关于进一步加强气象灾害防御工作的意见》(国办发〔2007〕49 号)：

“第三条　积极开展气候可行性论证工作。各级气象主管机构要依法开展对城市规划、重大基础设施建设、重点领域或区域发展建设规划的气候可行性论证。有关部门在规划编制和项目立项中要统筹考虑气候可行性和气象灾害的风险性，避免和减少气象灾害、气候变化对重要设施和工程项目的影响。”

(4)《国家气象灾害防御规划(2009—2020 年)》：

“四、主要任务

(二)加强气象灾害风险评估

按照《国家综合减灾“十一五”规划》的相关要求，国家减灾委统一组织，有关职能部门全面开展气象灾害风险调查和隐患排查，开展重大工程气象灾害风险评估和气候可行性论证，在城乡规划编制过程中充分考虑气象灾害风险因素，为有效防御气象灾害提供科学依据……

2. 建立气象灾害风险评估和气候可行性论证制度

建立重大工程建设的气象灾害风险评估制度，建立相应的建设标准，将气象灾害风险评估纳入工程建设项目行政审批的重要内容，确保在城乡规划编制和工程立项中充分考虑气象灾害的风险性，避免和减少气象灾害的影响。根据《中华人民共和国气象法》及《气候可行性论证管理办法》，对城乡规划、国家重点建设工程、重大区域性经济开发项目和大型风能、太阳能等气候资源开发利用项目，组织气候可行性论证。”

(5)《气候可行性论证管理办法》(中国气象局 2008 年第 18 号令)：

“第四条　与气候条件密切相关的下列规划和建设项目应当进行气候可行性论证：

(一)城乡规划、重点领域或者区域发展建设规划；

(二)重大基础设施、公共工程和大型工程建设项目；

(三)重大区域性经济开发、区域农(牧)业结构调整建设项目；

(四)大型太阳能、风能等气候资源开发利用建设项目；

(五)其他依法应当进行气候可行性论证的规划和建设项目。”

(6)《宁波市气候资源开发利用和保护条例》(2017 年 7 月 1 日起施行)：

“第二十九条　城乡规划、国家重点建设工程、重大区域性经济开发项目和大型太阳能、风能等气候资源开发利用项目应当按照国家和省有关规定开展气候可行性论证，具体办法由市人民政府另行制定。

市发展和改革主管部门会同市气象主管机构根据国家和省有关规定具体确定气候可行性论证目录。

气候可行性论证应当使用符合国家气象技术标准的气象资料。

第三十条　有关部门在规划编制和项目立项中，应当统筹考虑气候可行性和气象灾害的风险性，避免和减少气象灾害、气候变化对重要设施和工程项目的影响。

建设单位按照有关规定报送项目可行性研究报告或者项目申请书时，应当对涉及的利用气候资源情况分析以及对生态环境的影响分析的真实性负责。

第三十一条　经气候可行性论证的气候资源开发利用项目，建设单位应当根据气候可行性论证报告，采取相应对策和措施，预防项目风险，减轻不利影响，提高气候资源利用效率。

已经实施的建设项目对气候资源造成了重大不利影响的，气象主管机构应当向建设项目所在地的区县(市)人民政府提出建议，区县(市)人民政府应当责成有关部门和建设单位采取相应的补救措施。”

第 2 章　气候可行性论证技术规范的编制

气候可行性论证是重大工程的科学设计、安全运行和成本估算的重要依据之一，大型工程、区域规划或开发项目等均是在预先确定的安全系数下开展规划、设计和建设，与工程安全紧密联系的工程气象设计参数往往很大程度上影响着工程投资成本，甚至有可能成为工程建设的颠覆性因素[1]。因此，编制气候可行性论证报告一定要在有关法律法规和部门规章的指导下，依据相关标准规范的要求进行，编制过程符合规定的技术流程，报告内容满足技术要求。

2.1　编制依据

气候可行性论证报告的编制，主要依据下列有关法律法规、部门规章和相关标准规范和文献等。

(1)《中华人民共和国气象法》，2000 年 1 月 1 日起施行；

(2)《气候可行性论证管理办法》(中国气象局第 18 号令)，2009 年 1 月 1 日起施行；

(3)《建筑结构荷载规范》(GB 50009—2012)；

(4)《工程抗风设计计算手册》(张相庭，1998)；

(5)《公路桥梁抗风设计规范》(JTG/T 3360-01—2018)；

(6)《地面气象观测规范 第 1 部分：总则》(QX/T 45—2007)；

(7)《地面气象观测规范 第 7 部分：风向和风速观测》(QX/T 51—2007)；

(8)《气象资料的整理和统计方法》(王树廷 等，1994)；

(9)《应用气候手册》(朱瑞兆，1991)；

(10)《全国地面气候资料统计方法》(国家气象中心，1990)；

(11)《桥梁建设抗风设计气候可行性论证技术指南》(中国气象局，2011)；

(12)《公路斜拉桥设计细则》(JTG/T D65-01—2007)；

(13)《港口工程荷载规范》(JTS 144-1—2010)；

(14)《铁路线路设计规范》(GB 50090—2006)；

(15)《高速铁路设计规范》(TB 10621—2014)；

(16)《风电场风能资源测量方法》(GB 18709—2002)；

(17)《风电场风能资源评估方法》(GB/T 18710—2002)；

(18)《风电场气象观测及资料审核、订正技术规范》(QX/T 74—2007)；

(19)《风电场风能资源测量和评估技术规定》(发改能源〔2003〕403 号)；

(20)《城市排水(雨水)防涝综合规划编制大纲》(建城〔2013〕98 号)；

(21)《室外排水设计规范》(GB 50014—2006，2016 版)；

(22)《工业建筑供暖通风与空气调节设计规范》(GB 50019—2015)；

(23)《给水排水设计手册(第5册)城镇排水》(北京市市政工程设计研究总院有限公司,2004)；

(24)《城市暴雨强度公式编制和设计暴雨雨型确定技术导则》(住房和城乡建设部、中国气象局,2014)；

(25)《城市排水工程设计—暴雨强度公式编制技术指南》(广东省气候中心,2013)；

(26)《民用建筑太阳能热水系统应用技术规范》(GB 50364—2018)。

2.2　编制要求和流程

气候可行性论证报告应全面反映气候可行性论证的工作,汇总、分析各种资料、数据和存在的问题,论点明确,并给出科学、公正的评价。编制气候可行性论证报告书应符合下列要求。

文字应简洁、准确,尽量采用图表形式,便于阅读和审查；

原始数据、全部计算过程等可编入附录；

主要参考资料按发表的时间顺序由近至远列出目录；

论证内容较多的报告书,重点论证专题可另编专题报告。

报告的编制可分为三个阶段,其流程见图2.1。

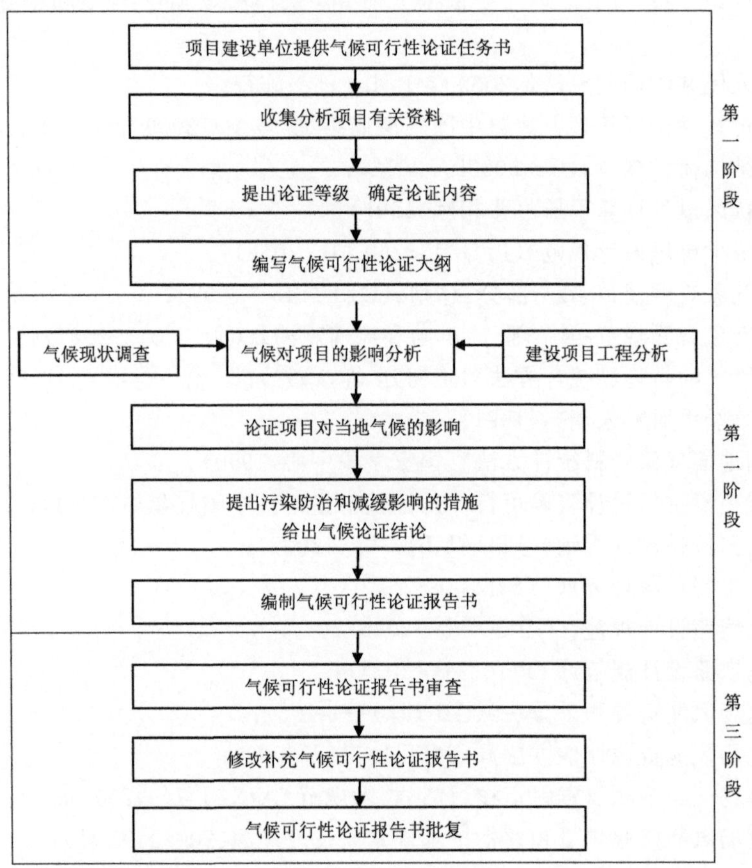

图2.1　报告编制流程

2.3　报告书主要内容

重大工程建设或项目规划在选址、设计、建设、运营的各阶段都与天气、气候密切相关。因此，在项目选址时既要了解当地的气候背景、气象灾害对项目的影响，同时还要考虑在当地的气象条件下，项目对周围环境产生的影响[2]，比如有废气排放的项目，当地的气象条件是否有利于污染物的扩散稀释，是否会造成源地污染等。在项目设计阶段，需要了解当地的气象灾害，如暴雨、大风、高温、低温、干旱的发生频率及其极端值，以便确定建设项目的气象参数，如气象参数过大将造成设计和建设成本过大，如气象参数过小则难以规避气象灾害风险而带来安全隐患。

因此，气候可行性论证的技术内容一般应由概述、气候背景分析、气象灾害风险评估、工程气象参数推算、污染气象条件计算、其他单要素和复合要素工程气象参数的推算、气候资源评估、气候环境现状观测、气候环境影响预评估等组成。

其中概述部分主要介绍气候可行性论证项目的来源、地理环境、基本要求、编制依据等，对基本情况的调查应包括：收集项目所在地及其最近气象台站的经度、纬度、海拔高度等资料，调查项目周围的地形地貌特征，调查项目对周围大气环境的影响情况，调查项目对气候资料的需求情况等。

2.3.1　气候背景分析

参证站是指气候相似区内具有长期观测资料的一个或若干个气象观测站[3]。气候可行性论证的气候背景分析部分，采用参证站常年或最近 5 年以上的资料，分析各月、季、年的气温、降水、湿度、日照、蒸发、风向风速、雨日、暴雨日数、大风日数等气候要素的特点，至少应包括下列一项或几项。

(1)天气系统背景分析

应分析研究评估区的天气系统，确定下列内容：

影响本区域的强影响天气系统，如副热带高压、热(温)带气旋、西风槽等(取决于地理位置和地形)；

强影响天气系统的季节性发生频率和持续时间等；

强影响天气系统的强度变化范围及其随时间的变化情况；

强影响天气系统的移动速度和移动方向的范围；

本区域的高影响天气，如暴雨、雷电、大雾、大风等的季节性发生频率和持续时间等。

如气象资料不完整，可使用与评估区气候条件类似的区域、经过校正的气象资料。

(2)气温状况

收集、分析参证站各月、季、年平均气温和平均最高、最低气温及累年极端最高、最低气温等。

(3)降水状况

收集、分析参证站的小时、日、月、季、年降水量。各级降水出现概率，连阴雨、连续无降水情况。

(4)日照状况

收集参证站的月、季、年日照时数和日照百分率，分析其变化特征。

(5)蒸发状况

收集参证站的月、季、年蒸发量，最大、最小蒸发量，分析其变化特征。

(6)湿度状况

收集、分析参证站的日、月、季、年相对湿度,最小相对湿度等。

(7)地面风特征

分析参证站风速的时间变化特征,应收集小时、日、月、季、年平均风速。

绘制参证站季、年风向玫瑰图,确定季、年的主导风向,应收集下列内容:

季、年各风向平均风速;

季、年各风向最大风速;

季、年各风向频率。

(8)雷电活动状况

收集参证站的雷暴日数,小时、日、月、季、年闪电定位资料,分析雷电活动规律。

(9)其他气象要素

根据建设项目所在地天气气候特点,收集、分析参证站的大雾日、冰冻日、雪日、冰雹日等其他气象要素的月、年平均值。

2.3.2 气象灾害风险评估

分析项目被论证时出现的各类气象灾害的出现频率,出现的集中期,历史极值及其造成的影响等。

(1)气象灾害的类型

气象灾害的类型主要有:暴雨洪涝,台风,大风,雷电,大雾,冰雹,干旱,高温,低温冷害,(霜)冻害,其他气象灾害。

(2)气象灾害资料的收集

根据建设项目所在地的气候与地形条件及不同建设项目的实际需求,收集建设项目周边或附近地区一个或数个气象站记录的气象灾害资料和对应的灾情,气象主管机构所属气象台站保存的气象灾害年鉴及与气象灾害有关的历史天气图、雷达探测资料、自动气象站观测记录、卫星云图等资料[4]。

收集由气象、民政、水利、水文、农业、国土等部门保存的气象灾害资料及气象衍生、次生灾害(如山体滑坡、山洪暴发、泥石流等)出现的时间、地点、强度、持续时间。

作为辅助调查,还应查阅《地方志》并结合野外调查等方式对气象灾害影响进行充实。现场调查建设项目所在地周围发生的气象灾害及气象衍生、次生灾害引发的对农业、水利、电力、交通、电信等造成的损失。

(3)气象灾害的评估

气象灾害的评估应包括下列内容:①气象灾害的平均发生频率及气候变化趋势;②气象灾害对建设项目安全及生产可能产生的影响;③提出趋利避害的对策。

2.3.3 工程气象参数推算

(1)数据序列的选取

推算工程气象参数所用的气象资料应从参证站建站时间至项目论证时间止。如果参证站的资料不能代表建设项目所在地的实况,应在项目所在地建立临时气象观测站进行短期气象观测,以确定两地气象要素间的差异,并用统计方法进行推算修正。

(2)工程气象参数推算

工程气象参数的推算可根据需要包括下列一项或几项：

极端最高气温推算，极端最低气温推算，最大风速推算，最大降水推算，冻土深度推算，污染气象条件计算，其他单要素和复合要素工程气象参数的推算。

(3)推算方法

采用皮尔逊Ⅲ型或耿贝尔极值Ⅰ型概率分布函数，推算不同重现期极值分布，如 50 年一遇值，100 年一遇值等[5]。

2.3.4　污染气象条件计算

计算内容一般应包括：①不同季节或测试期大气边界层内风向玫瑰图、平均风速；②不同季节或测试期内各类逆温的底高、顶高、厚度、强度及频率分布；③混合层厚度，统计分析年、季及日平均、日最大和日最小混合层厚度；④大气稳定度，划分大气稳定度等级，统计分析各类稳定度的出现频率；⑤计算不同季节稳定度联合频率。

2.3.5　其他单要素和复合要素工程气象参数的推算

根据建设项目的要求，推算其他单要素和复合要素气象参数，应选用多种统计方法进行比较，以确定适用方法。

2.3.6　气候资源评估

(1)气候资源的类型

气候资源的类型包括：风能资源，太阳能资源，降水资源，热量资源，其他气候资源(包括旅游气候资源、潮汐能等)。

(2)气候资源评估的内容

①计算气候资源的各种参数，如风功率密度、太阳能辐射量、降水强度、积温等；

②根据地理位置、地形、地貌特点，分析气候资源成因；

③对气候资源进行区划，绘制气候资源分布图；

④评估气候资源的储量，包括气候资源总储量和气候资源技术可开发量；

⑤对气候资源进行总体评价；

⑥推荐气候资源可开发区域。

(3)气候资源的评估方法

收集参证站最近 30 年的有关气象资料。

当参证站资料不能代表当地的气候特征时，应在当地设立临时气象观测站进行气象观测，观测的气象要素根据气候资源评估的内容确定。

采用数理统计法和气候资源计算方法，计算气候资源各种参数，推算气候资源储量。

采用数值模式精细化模拟气候资源。

2.3.7　气候环境现状观测

(1)测量仪器的设置

在建设项目所在地安装任何气象设备之前，应先考虑项目所在地的地形，以保证所选位置的观测数据能够代表当地的大气状况，并应符合中国气象局《地面气象观测规范》的规定。

(2)临时观测点的选择

内陆项目至少设置一个临时观测点。如果建设项目选址条件复杂，应在该地区内增设几个临时气象观测点进行同步观测。

沿海项目应考虑海陆风的影响，应在陆地上增设一个以上临时观测点。

(3)观测时次的选择

观测时次应为北京时间 02:00、05:00、08:00、11:00、14:00、17:00、20:00、23:00。

(4)地面观测内容

地面观测应包括下列内容：地面大气温度、湿度、气压；总云量和低云量；距地面 10 m 高处的风向风速。

(5)低空观测内容

低空观测应包括下列内容：温度廓线；逆温层的底高、顶高、厚度、强度以及出现频率；混合层厚度；风廓线。

在复杂地形条件下，应探测海陆风、山谷风、城市环流等可能出现的频率、时段和风速阈值，并尽可能观测出这些局地风所涉及的空间范围。

(6)临时观测点与参证站的相关分析

应取水平差异明显的地面风作为相关分析因子。方法可采用分量回归法，即将两地的同一时间风矢量投影在 X(可取 E－W 向)和 Y(相应取 S－N 向)轴上，然后分别建立其 X,Y 方向速度分量的回归方程[6]，计算两个方向的相关系数，若相关系数小于 0.50，则应对风向、风速进行延长订正，所用资料样本数不应少于规定的观测周期所获取的数量。

2.3.8 气候环境影响预评估

(1)气候对建设项目影响预评估

对建设项目所在地可能发生的气象灾害及危害程度做出预评估，提出防御建议。

应从气候因素、节能减排及社会经济等方面综合分析同一地区多个建设项目布局，提出最佳布局方案。

(2)建设项目对气候影响预评估

评估项目建设的影响可包括下列内容：①可能产生的温室气体(包括二氧化碳、甲烷、氮氧化物、氟利昂等)对气候变化的影响；②对项目场址以及周围区域的气温产生的影响；③对降水的落区以及降水量的变化产生的影响；④对风向风速的变化产生的影响；⑤对湿度、蒸发量、雾、霾等气象要素的变化产生的影响；⑥对污染气象条件产生的影响；⑦对周边区域灾害性天气产生的影响。

2.4 主要技术方法

在开展气候可行性论证的工作中，常需分析气候要素的平均状态、气候要素的稳定性和气候要素的极端状况，以及建设项目所在地的污染气象条件。对于短期气候考察所获得的超短气候序列，还要订正延长。因此，工程项目的气候认证技术方法主要是关于气候要素的平均状态、气候要素的稳定性、气候要素的极端状况、污染气象条件分析、超短资料序列的订正延长等方面的分析方法。

气候要素的平均状态主要计算各气候要素的平均值，并对平均值进行分析。如日、旬、月、年的平均气温，气温的日变化和年变化规律分析等。

气候要素的稳定性主要计算气候要素的变率，包括绝对变率和相对变率。

气候要素极端状况的推算主要采用皮尔逊Ⅲ型或耿贝尔极值Ⅰ型概率分布函数来进行。

超短资料序列的订正延长主要采用差值线性内插法、比值线性内插法、时联法、全概率法等进行。

在气候可行性论证中，经常涉及最大风速的推算，其过程为：

(1)最大风速资料序列的处理

在现有的气象站中，一部分站点有连续 24 h 自记风观测，一部分站点只有定时 3 次或定时 4 次的定时风观测。而推算多年一遇的最大风速时，要求风速是自记观测资料。《建筑结构荷载规范》《公路桥梁抗风设计规范》规定，推算多年一遇的最大风速时所用的风速资料是：开阔平坦地面 10 m 高度处 10 min 平均最大风速，即风速观测资料应符合下述要求：①应全部取自自记风速仪观测资料，对于非自记的定时观测资料均应进行适当修正。②风速仪高度与标准高度 10 m 相差过大时，需进行高度订正。

(2)N 年一遇最大风速的推算

采用皮尔逊Ⅲ型或极值Ⅰ型概率分布函数，对订正后的最大风速序列进行推算，经适线处理[7]后得到不同重现期最大风速。

具体技术方法在本书其他章节详细介绍。

第3章 杭州湾跨海大桥桥位设计风速推算

3.1 自然地理概况和站网分布

杭州湾位于我国东部沿海地区的中部,北邻长江三角洲,南依宁绍平原,东为星罗棋布的舟山群岛,西以澉浦为界与钱塘江相接,湾内散布着大小金山、王盘山、滩浒山及七姐八妹等岛礁,是各种重大灾害性天气的多发地带,风的情况十分复杂。杭州湾是我国最大的喇叭口形海湾,面积约 5000 km^2,平均水深 8～10 m,海底平坦。湾顶在澉浦附近,宽约 20 km,湾口在上海南汇咀至宁波镇海,宽约 100 km。杭州湾南北两岸为广阔的平原地形,仅有少数残丘兀立。北岸西部为杭嘉湖平原,地面高程多在 3 m 以下,东部高程则多在 3.5 m 左右,澉浦至金山一带地势高爽,地面高程大于 3.5 m;杭州湾南岸为慈北平原,呈舌状向北突出,地面高程 3～3.5 m。杭州湾跨海大桥北起嘉兴市海盐郑家埭,跨越杭州湾海域后止于宁波市慈溪水路湾,全长 36 km,海上段长度达 32 km,是当时世界上最长的跨海大桥。

最大风速长序列资料是计算设计风速的基础。杭州湾区域周围共有气象台站 20 余个,最早的上海市徐家汇气象站成立于 1872 年,最迟的嘉兴市海盐县气象站成立于 1972 年。桥位附近建站时间最早的气象站北岸是平湖站、南岸是慈溪站,均建于 1954 年。因此,本专题从求得平湖、慈溪两站最大风速长序列入手对杭州湾跨海大桥桥位进行设计风速推算。

为更准确地求得桥位和江心设计风速及风随高度变化规律,专题组在紧邻桥位北岸的海盐县郑家埭建立了梯度风观测站,为宽 1 m、高 60 m 拉线塔,并分别在距地面 10 m、20 m、30 m、40 m、50 m、60 m 的高度南北两侧(伸臂长 1.2 m)各安装一台测风仪,用于各高度风的观测;在紧邻桥位南岸的慈溪市庵东镇丰收闸建立了 10 m 高自立式测风塔;采用 EN2 型测风仪,观测项目为逐时 2 min、10 min 平均风速及相应的风向、平均最大风速、极大风速及相应的风向、大风出现时间。在杭州湾江心王盘山岛建立了全要素自动气象站。

台站有关沿革简况及分布分别见表 3.1 和图 3.1。

表 3.1 气象站网分布及测站沿革(表中"至今"截止于 2002 年)

站名	时间	北纬	东经	拔海高度(m)	详细地址
平湖	1954—今	30°37′	121°05′	5.4	平湖市乍浦镇北大街"郊外"
慈溪	1954—1991 年	30°16′	121°10′	7.1	慈溪市庵东镇西头塘北"郊外"
	1992—今	30°12′	121°26′	3.1	慈溪市浒山镇上傅村
上海	1872—1955 年	31°12′	121°26′	2.6	上海徐家汇肇家浜西岸
	1956—1999.06	31°10′	121°26′	3.0	上海市龙华龙漕路 7 号
	1999.07—今	31°12′	121°26′	2.6	上海市蒲西路 166 号

续表

站名	时间	北纬	东经	拔海高度(m)	详细地址
王盘山	1999.05—2002.03	30°30′	121°20′	35.1	杭州湾王盘山岛
庵东	2001.01—2002.03	30°19′	121°10′	2.0	慈溪市庵东镇丰收闸
梯度站	2001.01—2002.03	30°35′	121°02′	3.5	海盐县郑家埭

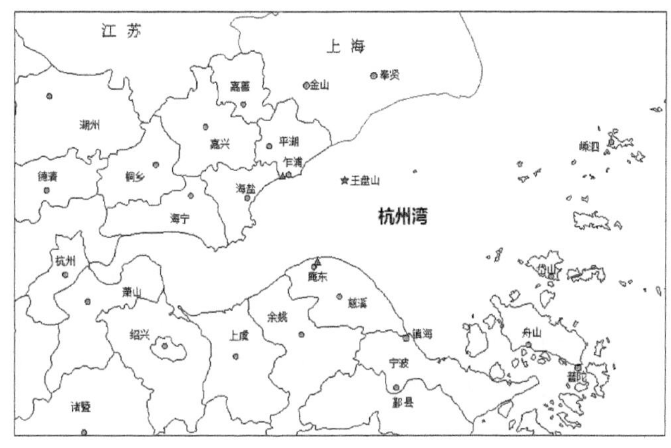

图 3.1　杭州湾区域气象站网分布图

(●为气象站站址,▲为两岸设置的地面测风、梯度测风考察点,★为王盘山自动气象站)

3.2　分析计算方法

3.2.1　耿贝尔极值分布

极值风速一般遵循耿贝尔极值Ⅰ型分布[8],即

$$P(X) = e^{-e^{-(X-\alpha)/\beta}} \tag{3.1}$$

式中,X 是分布变量,即风的年度极端值,$P(X)$是分布变量不被超过的概率,α 是位置参数,β 是等级参数。

根据耿贝尔极值分布函数式,N 年一遇的变量可由下式求出。

$$X=\alpha-\beta \cdot \ln(-\ln P_n) \tag{3.2}$$

3.2.2　皮尔逊Ⅲ型分布

皮尔逊Ⅲ型分布(Pearson-Ⅲ,也可简称 P-Ⅲ分布)具有广泛的概括和模拟能力,在包括水文气象等领域的研究中被广为应用,在气象上常用来拟合年、月的最大风速和最大日降水量等极值分布。

皮尔逊Ⅲ型分布概率函数式如下。

$$P = [\alpha^{\alpha/2}/\Gamma(\alpha)]\int_t^{\infty}(t+\sqrt{\alpha}\ )^{\alpha-1}e^{-\sqrt{\alpha}-1}e^{-\sqrt{\alpha}(t+\sqrt{\alpha})}\,dt \tag{3.3}$$

式中，P 为超过 X 的概率，α 为分布函数。

因此，重现期的预计极值为

$$X=\overline{X}\cdot(1+C_v\cdot\Phi(P,C_s)) \tag{3.4}$$

式中，变差系数 C_v 和偏态系数 C_s 由适线法确定。

3.3 杭州湾地区最大风速资料处理

3.3.1 杭州湾极值风速分析

杭州湾一带形成大风的天气原因有四个方面：冷空气南下、低气压出海、夏季热雷雨、台风，而形成极值风速的天气成因主要是台风。以上海站为例，1915—1956 年有 7 次强台风影响该地区(表 3.2 和图 3.2)，且均出现了 10 级以上的极值风速。

表 3.2 台风影响下上海站极值风速(m/s)和相应的风向

日期	1915-07-28	1931-08-25	1937-08-03	1939-07-12	1943-08-11	1949-07-25	1956-08-02
风速	32.2	26.7	28.4	28.0	25.2	28.8	30.0
风向	NE	NE	ENE	NE	ENE	ENE	E

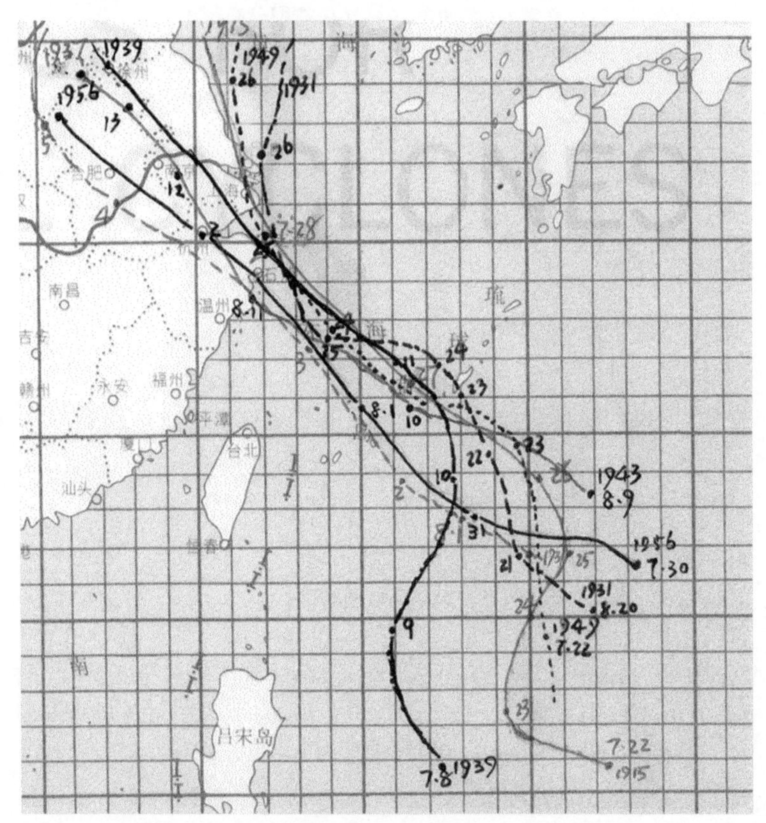

图 3.2 1915—1956 年影响杭州湾地区的台风路径

由图 3.2 可以看出,它们有三个共同点。

(1) 对杭州湾和上海都造成影响。

(2) 由于杭州湾与上海地理距离非常近,台风对两地的影响,均在一天之内,几乎是同步的。

(3) 杭州湾位于上海的南沿,在台风路径的上游,因而台风先影响杭州湾后影响上海,就同一个台风而言,对杭州湾造成的影响要大于对上海的影响。

因此,杭州湾的极值风速应比上海的极值风速大。由于杭州湾一带的气象站(平湖、慈溪)从 1968 年才开始有自记风速的记录,而 1968—2000 年这一地区基本没有出现过强台风,平湖和慈溪测得的 10 min 平均最大风速分别是 20.3 m/s 和 22.6 m/s,上海这一段时间测得的最大风速也只有 20 m/s。

显然,用平湖和慈溪两站 1968—2000 年的年最大风速序列作杭州湾地区最大风速的统计推断会使结果偏小,对大桥设计的安全性带来影响。因此,首先要以上海资料为基础对平湖和慈溪两站最大风速序列进行订正延长,再形成桥位和江心最大风速序列,用于桥位和江心设计风速和风压的计算。

3.3.2　处理形成平湖和慈溪站最大风速长序列

最大风速长序列资料是计算设计风速的基础,为获取杭州湾地区最大风速的长序列,首先要处理形成平湖和慈溪站最大风速长序列,收集的资料有:平湖和慈溪两站 1954—2000 年的四次定时最大风速;1968—2000 年的自记 10 min 最大风速;上海 1915—2000 年 10 min 最大风速。

慈溪站曾于 1992 年迁址,为确保慈溪站资料的连续和完整,首先对该站旧址与新址间 1992 年 1 月、4 月、7 月的同期风资料进行对比分析(表 3.3),得到慈溪站 10 min 平均风速值的回归方程为:Y(新址)$=0.6770+1.0332X$(旧址)

表 3.3　慈溪站新旧站址风速相关性检验

相关系数	t 检验值	回归方程	F 检验值
0.81	64.54**	$Y=0.6770+1.0332X$	4164.98**

注:** 表示通过 0.01 显著性检验。

为求取平湖和慈溪最大风速长序列,依据上述资料,分二步进行处理:第一步,用定时 2 min最大风速序列延长 10 min 最大风速序列;第二步,用上海站长序列订正延长平湖和慈溪短序列。

(1)用定时 2 min 平均最大风速延长平湖和慈溪站 10 min 最大风速序列

用平湖和慈溪两站 1968—2000 年四次定时最大风速与同步的 10 min 平均最大风速资料,求两者相关的回归方程,并分别算出两站 1954—1967 年的 10 min 平均最大风速,得到两站 1954—2000 年的 10 min 平均最大风速序列。

两站同时有风速四次定时观测与自记 10 min 最大风速同步记录的年份分别是:平湖 1968—2000 年,慈溪 1970—2000 年,挑取各站每年的定时 2 min 最大风速和自记 10 min 最大风速。由于两站距离较近,大风成因基本相同,将两站资料合并形成统一的年定时最大风速和自记最大风速的序列,共有样本 64 对。

设定时 2 min 平均最大风速为 x_i，自记 10 min 最大风速为 $y_i(i=1,\cdots,64)$。

①计算 x_i 与 y_i 的相关系数 r

$$r=\frac{\frac{1}{n}\sum(x_i-\bar{x})\times(y_i-\bar{y})}{\sqrt{\frac{1}{n}\sum_{i=1}^{n}(x_i-\bar{x})^2\times\frac{1}{n}\sum_{i=1}^{n}(y_i-\bar{y})^2}} \tag{3.5}$$

用已有 64 组样本求得

$$r=\frac{3.7111}{\sqrt{4.1318\times6.1946}}=0.7335$$

采用 t 检验对求得的相关系数进行显著性检验，现求得相关系数 $r=0.7335$，样本容量 $n=64$，取信度 $\alpha=0.05$，从正态分布表中查得 $r_{0.05}=0.25$，则 $|r|_{0.7335}>0.25$，由此可以推断两地的年定时最大风速与自记最大风速序列存在相关，两变量总体相关系数为 0 的假设不成立。

②建立回归方程

由于定时最大风速和自记最大风速存在线性相关，故可用上述样本建立直线回归方程 $y=a+bx$，用于有 2 min 定时最大风速而无自记 10 min 最大风速的年代，作换算用。

从样本中求得 x 与 y 的平均值和方差

$$\bar{x}=12.42，\sigma_x=2.0448$$

$$\bar{y}=15.42，\sigma_y=2.5086$$

求回归系数

$$\begin{cases}a=\bar{y}-r\dfrac{\sigma_y}{\sigma_x}\bar{x}\\ b=r\dfrac{\sigma_y}{\sigma_x}\end{cases} \tag{3.6}$$

将 r、σ_x、σ_y 代入上式

$$a=15.42-0.8981\times12.42=4.2656$$

$$b=0.7335\times\frac{2.5086}{2.0448}=0.8981$$

代入直线回归方程得：$y=4.2656+0.8981x$

用此方程拟合的直线与样本观测值散布点之间存在一定的误差 S_y，可用下式计算。

$$S_y=\pm\sigma_y\sqrt{1-r^2} \tag{3.7}$$

建筑设计中出于安全考虑，一般采用正差，当采用误差 $2S_y$ 时可保证 95.4%的变数分布在回归线误差范围内，将 σ_y、r 代入上式，得

$$S_y=2.5086\times\sqrt{1-0.7335^2}=1.705$$

取 $2S_y=3.41$

则最终得到用于换算的回归方程：$y=7.6756+0.8981x$。

③序列延伸

平湖站 1954—1967 年与慈溪站 1954—1969 年只有四次定时 2 min 最大风速，用上述回归方程将其换算为自记 10 min 最大风速，形成两站 1954—2000 年自记 10 min 最大风速序列。

(2)用上海长序列资料对平湖和慈溪站短序列资料作订正延长

用 1968—2000 年上海的最大风速序列分别与平湖、慈溪同步资料寻求相关，找出最优的

序列订正方法，从而以上海长序列资料为基础得到平湖与慈溪 1915—2000 年 10 min 最大风速长序列。

短期气象资料订正到长序列资料的理论基础是建立在测站间大气过程相互关联的概念上。前述分析表明，杭州湾地区与上海的极值风速天气成因一致，地理位置相近，因此，使用上海与平湖、慈溪两地的同步资料进行相关分析，找出适当的序列订正方法，再用上海长序列资料作为序列订正的依据，处理得到平湖、慈溪两地的长序列资料是可行的。

序列订正的常用方法有比值法、回归方程法、差值法，选择何种订正方法最佳可由适当性判别标准确定。

①比值法

将两测站间相同时期内同一要素之间的比看作一个近似稳定的常数。

$$k=\frac{y}{x}\qquad \bar{k}_n=\frac{y_n}{x_n}\tag{3.8}$$

基于两测站间比值稳定的原理：$\bar{k}_N\approx\bar{k}_n=k$，即可得到

$$y'_N=kx_N$$

根据上海、平湖、慈溪三地的资料情况，短序列确定为 1971—2000 年(共 30 年)，求取的比值见表 3.4。

表 3.4　上海站与平湖站、慈溪站风速比值

项目	上海(x)	平湖(y)	慈溪(y)
n 年平均(m/s)	14.4	16.2	14.6
$k(y_n/x_n)$		1.125	1.0139

用比值法求平湖、慈溪的不同重现期最大风速，如上海 30 年一遇的最大风速 28.0 m/s，平湖与上海两站的最大风速比值 $k=1.125$，则平湖的 30 年一遇最大风速是 $y_{30}=1.125\times 28.0=31.5$ m/s。

比值法订正公式的适当性标准为

$$r>\frac{1}{2}k\frac{\sigma_x}{\sigma_y}\tag{3.9}$$

式中，r 为相关系数，k 为比值，σ_x 为 x 序列即上海的最大风速方差，σ_y 为 y 序列即平湖或慈溪的最大风速方差。用三站 30 年最大风速资料统计得到的相关结果见表 3.5。

表 3.5　1971—2000 年三站最大风速相关统计

测站	与上海站的相关系数 r	最大风速的方差 σ_y	上海最大风速方差 σ_x
平湖站	0.55932	2.2175	2.1558
慈溪站	0.53280	2.2731	2.1558

平湖比值法订正的适当性判别：

$$0.55932>\frac{1}{2}\times 1.125\times\frac{2.1558}{2.2175}$$

即：0.55932>0.547，判式成立，平湖可用此法进行订正。

慈溪比值法订正的适当性判别：

$$0.53280 > \frac{1}{2} \times 1.0139 \times \frac{2.1558}{2.2731}$$

即：0.5328＞0.4808，判式成立，慈溪可用此法进行订正。

②回归方程法

以平湖资料为例，用上海与平湖1971—2000年的30年最大风速资料作回归统计得方程：

$$y = 7.60013 + 0.57532x$$

式中，x 为上海的最大风速，y 为平湖的最大风速，由于平湖参与统计的样本最大风速仅20.3 m/s，得出的回归方程在大风情况下平湖的风速反而小于上海，如：上海最大风速20 m/s时代入方程计算出来的平湖最大风速仅为19.1 m/s，显然不合理。

③ 差值法

此法是基于某要素本身变化可能很大，但两站间的差值变化很小而近似于常数的考虑。

设差值：$\overline{D}_n = \overline{y}_n - \overline{x}_n$，因为 $\overline{D}_n \approx \overline{D}_N$，所以 $y'_N = x_N + \overline{D}_n$。

用平湖、慈溪、上海30年资料统计得：

平湖与上海最大风速的平均差：D 平＝16.2－14.4＝1.8 m/s；

慈溪与上海最大风速的平均差：D 慈＝14.6－14.4＝0.2 m/s。

差值法订正公式的适当性标准是

$$r > \frac{1}{2} \times \frac{\sigma_x}{\sigma_y}$$

式中，r 是相关系数，这里的 σ_x 是上海最大风速方差，σ_y 是平湖或慈溪最大风速方差。

经计算

上海与平湖：$0.55932 > \frac{1}{2} \times \frac{2.1558}{2.2175}$，即：0.55932＞0.486；

上海与慈溪：$0.5328 > \frac{1}{2} \times \frac{2.1558}{2.2731}$，即：0.5328＞0.473。

由于回归方程法不合理，因此，要在比值法和差值法中选择最优的序列订正方法。

将比值法和差值法的适当性判别标准值作一对比，发现平湖站（差值法）0.486＜（比值法）0.574，慈溪站0.473（差值法）＜0.4808（比值法），由此可见，两站均是差值法更优。

使用差值法订正分别形成平湖和慈溪的1915—2000年10 min平均最大风速序列，并用这两个序列分别计算出两站百年一遇最大风速见表3.6。

表3.6　平湖和慈溪百年一遇最大风速（m/s）

根据平湖资料		根据慈溪资料	
极值分布	皮尔逊Ⅲ型	极值分布	皮尔逊Ⅲ型
33.8	32.7	32.8	31.1

3.3.3　处理形成桥位和江心最大风速序列

大桥设计风速计算的关键是要获取桥位和江心风速的统计推断结果，并计算出不同重现期的风压值。然而，由于现场风观测时间短，因而只能用陆地站（平湖和慈溪）同步观测资料与桥位和江心风速进行相关分析，通过合理的订正方法形成桥位和江心最大风速序列。

用陆地站序列订正延长形成桥位和江心的最大风速序列，需收集以下资料：杭州湾梯度站、庵东站 2001 年 1 月至 2002 年 3 月最大风速；王盘山、平湖、慈溪 1999 年 5 月至 2002 年 3 月最大风速。具体方法是用 1999 年 5 月至 2002 年 3 月王盘山实际观测资料，2001 年 1 月至 2002 年 3 月桥位区(梯度站 10 m)、庵东站实际观测资料，分别与平湖、慈溪同步资料作相关分析，挑选合理的订正方法，订正形成王盘山(江心)、梯度站和庵东站(桥位)作统计推断使用的 1915—2000 年 10 min 最大风速序列。

(1)用回归方程法试算梯度站百年一遇最大风速

根据 2001 年 1 月至 2002 年 3 月共 15 个月观测大风出现较少的情况，决定选取观测期间平湖日最大风速≥6 m/s 时各测站的同步样本作线性回归，结果见表 3.7。

表 3.7 梯度站 10 m 与陆地站风的线性回归结果

站名	相关系数	t 检验	回 归 方 程	回归误差	F 检验
平湖	0.76468	8.56	$y=1.20852+0.99047x$	1.001	76.16
慈溪	0.51867	4.203	$y=2.98607+0.85655x$	1.33	27.46

用上述回归方程算出梯度站(10 m)的两个最大风速序列，可得到回归方程法试算的梯度站百年一遇最大风速(表 3.8)。

表 3.8 回归方程法试算梯度站百年一遇最大风速(m/s)

根据平湖资料		根据慈溪资料	
极值分布	皮尔逊Ⅲ型	极值分布	皮尔逊Ⅲ型
35.7	34.6	32.4	30.9

(2)差值法试算梯度站百年一遇最大风速

计算 2001 年 1 月至 2002 年 3 月观测期间平湖日最大风速≥6 m/s 时各测站同步样本的平均值(表 3.9)。

表 3.9 最大风速样本平均(m/s)

平湖	慈溪	梯度站(10 m)	庵东站
7.3	6.4	8.4	8.6

梯度站与平湖站差值为 8.4－7.3＝1.1 m/s，梯度站与慈溪站差值为 8.4－6.4＝2.0 m/s。根据表 3.5 中平湖和慈溪百年一遇最大风速，可得到差值法试算的梯度站百年一遇最大风速(表 3.10)。

表 3.10 差值法试算梯度站百年一遇最大风速(m/s)

根据平湖资料		根据慈溪资料	
极值分布	皮尔逊Ⅲ型	极值分布	皮尔逊Ⅲ型
34.9	33.8	34.8	33.1

(3)回归方程法和差值法计算结果比较

工程设计中百年一遇最大风速一般采用的是极值分布的计算值。

用回归方程法根据平湖、慈溪两站最大风速序列试算出的梯度站两个百年一遇最大风速相差 35.7－32.4＝3.3 m/s。

用差值法根据平湖、慈溪两站最大风速序列试算出的梯度站两个百年一遇最大风速相差34.9－34.8＝0.1 m/s。

显然，差值法订正出来的结果更一致，因而使用差值法订正更为合理。

(4)差值法订正的适当性判别

对各站最大风速差值法订正进行相关性检验(表3.11)，可以看出，各测站均满足 $r>\frac{1}{2}\times\frac{\sigma_x}{\sigma_y}$ 适当性判别的要求，就是说用差值法进行订正是适当的，可用于后续计算。

表3.11　各站最大风速差值法订正的相关性检验

	根据平湖资料			根据慈溪资料		
	梯度站	王盘山	庵东站	梯度站	王盘山	庵东站
相关系数 r	0.7647	0.5841	0.5951	0.5187	0.6206	0.7826
方差 σ_y	1.554	3.063	1.5743	1.554	3.063	1.174
方差 σ_x		1.199			0.942	
$\frac{1}{2}\times\frac{\sigma_x}{\sigma_y}$	0.386	0.196	0.381	0.303	0.154	0.401

(5)桥位与江心订正值的确定。

梯度站的差值订正值：根据表3.8，梯度站与平湖最大风速的差值是8.4－7.3＝1.1 m/s，梯度站与慈溪最大风速的差值是8.4－6.4＝2.0 m/s。

庵东站的差值订正值：根据表3.8，庵东站与平湖最大风速的差值是8.6－7.3＝1.3 m/s，庵东站与慈溪最大风速的差值是8.6－6.4＝2.2 m/s。

王盘山的差值订正值：江心(王盘山)与平湖和慈溪的差值，取决于王盘山1999年5月至2002年3月实际观测样本的平均值。王盘山在35.1 m高处测得的与两站同步的最大风速样本平均值是14.7 m/s，换算到10 m高度(α＝0.13)的样本平均为12.5 m/s。因此，求得王盘山与平湖最大风速的差值是12.5－7.3＝5.2 m/s，王盘山与慈溪最大风速的差值是12.5－6.4＝6.1 m/s。

3.4　风速的高度订正

由于大桥设计需要了解水面至桥顶各高度处的风况，而风随高度的变化一般遵循一定的规律且与周围环境密切相关。国内外的研究表明，风速随高度的变化规律呈指数分布，根据《建筑结构荷载规范》《公路桥梁抗风设计规范》规定，要求用指数律风速廓线公式推算不同高度的风速，即风速沿竖直高度方向分布可按下述公式计算。

$$V_1=\left(\frac{Z_1}{Z}\right)^{\alpha}V \tag{3.10}$$

式中，V_1 为地面以上高度 Z_1 处的风速(m/s)，V 为地面以上高度 Z 处的风速(m/s)，α 为地面粗糙度系数。

梯度风观测时段：2001年1月至2002年3月，有效观测资料435 d。

对梯度风观测站10 m高度处风速6 m/s以上的观测资料加以统计，结果表明，风随高度的变化遵循指数律分布，相应的 10～60 m 高度间风速幂指数 $\alpha=0.184$，见图 3.3。

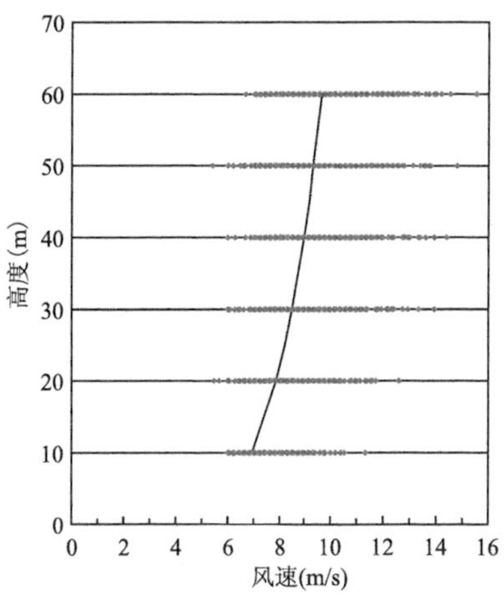

图 3.3　梯度风观测站风速随高度的变化曲线

为了进一步了解各种风速条件下不同高度间风速随高度的变化，我们分别对梯度站 10 m 高度处风速 6 m/s 以上、8 m/s 以上及 10 m/s 以上的风资料进行统计分析，各高度的平均风速见表 3.12。

表 3.12　梯度站不同风级各高度平均风速(m/s)

高度	10 m	20 m	30 m	40 m	50 m	60 m
≥6 m/s 平均值	6.98	7.88	8.54	9.18	9.35	9.65
≥8 m/s 平均值	8.79	9.87	10.75	11.5	11.75	12.06
≥10 m/s 平均值	10.43	11.54	12.57	13.56	13.77	14.13

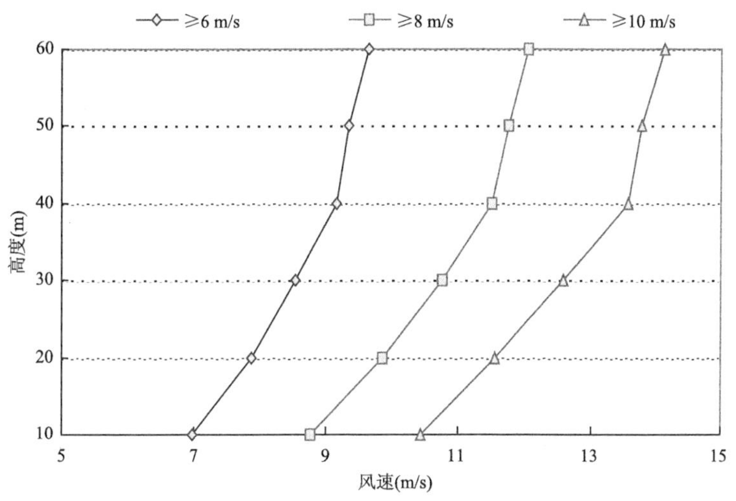

图 3.4　梯度站不同风级平均风速随高度变化曲线

统计结果表明，梯度站风速随高度变化在离地 40 m 处有一拐点(图 3.4)，40 m 以下风速随高度变化明显比 40 m 以上剧烈，因此，建议风速随高度变化公式(3.10)中的 α 值分 40 m 以下和 40 m 以上两段计算。又由于设计风速是以极值风速作为统计推断的基础，根据现有资料情况，建议桥位区（梯度站）风速随高度变化的 α 值用离地 10 m 处最大风速≥10 m/s 时各高度风速样本来计算。结果如下。

桥位区（梯度站）40 m 以下 α 值：0.19；

桥位区（梯度站）40 m 以上 α 值：0.10。

鉴于杭州湾江面宽阔，江心的下垫面与两岸属于不同类型，建议江心的 α 值可按江河湖面 40 m 以下取 0.13，40 m 以上与桥位区相同取 0.10。

3.5 设计风速计算

根据杭州湾地区最大风速处理结果，由平湖、慈溪两站（离地 10 m 高）的最大风速序列，用耿贝尔极值分布和皮尔逊Ⅲ型曲线方程计算出不同重现期 10 min 平均最大风速相应的极值分布曲线（图 3.5 和图 3.6）。

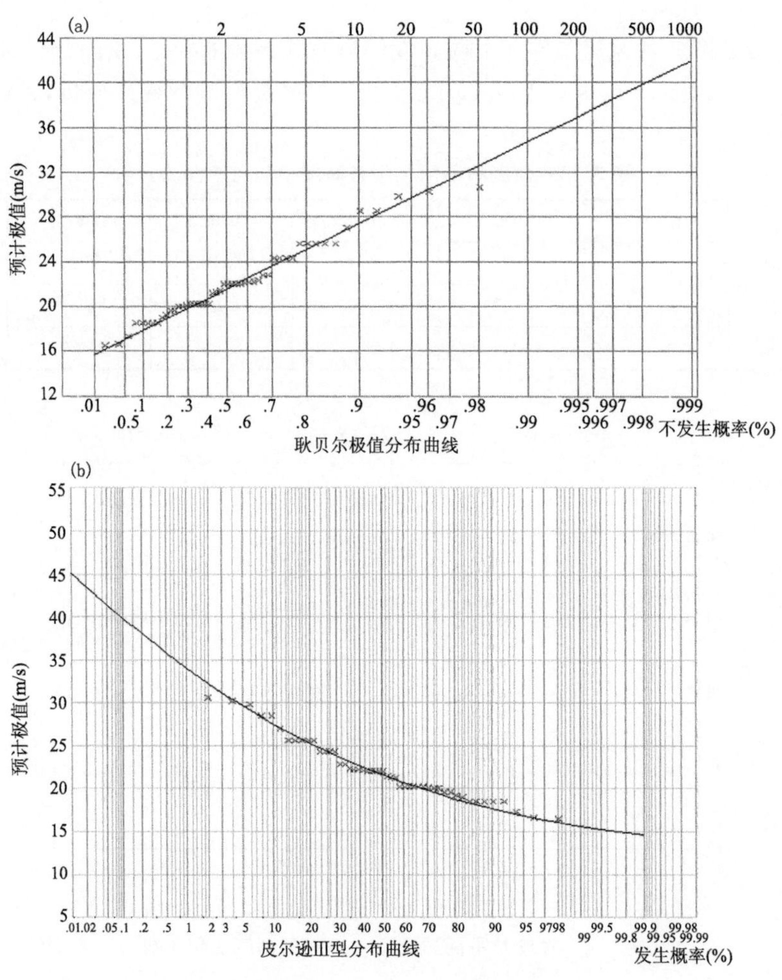

图 3.5 极值分布曲线（平湖）

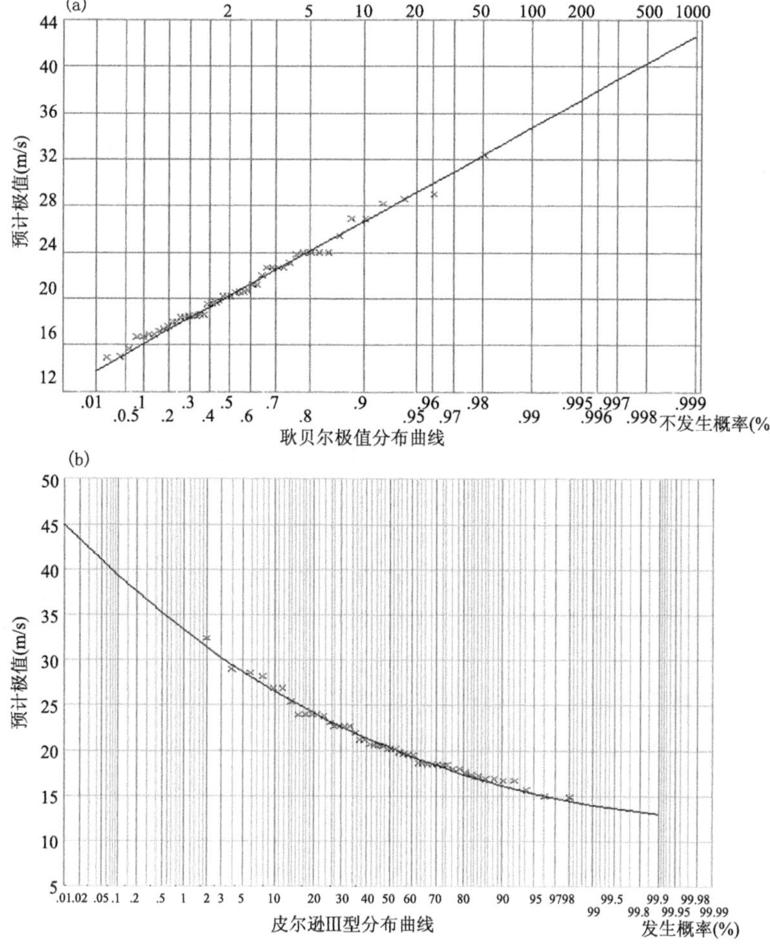

图 3.6　极值分布曲线(慈溪)

以平湖、慈溪不同重现期最大风速为依据,结合(小节 3.3.3)差值法确定的桥位和江心订正值结果,可算出桥位两岸(梯度站 10 m、庵东站)和江心(王盘山站)不同重现期的最大风速。

出于建筑设计的安全考虑,建议采用根据平湖资料用耿贝尔极值分布[9]算出的结果作为桥位区和江心的设计风速。

风速随高度变化的 α 值:桥位区 40 m 以下取 0.19;桥位区 40 m 以上取 0.10;江心 40 m 以下取 0.13;江心 40 m 以上取 0.10。

40 m 及以下各高度风速以离地 10 m 高的风速作为计算的起始风速,40 m 以上各高度风速以离地 40 m 高的风速作为计算的起始风速。

由此得到不同重现期各高度最大风速(表略)。

第 4 章　象山港大桥桥位风湍流特征分析

象山港位于浙江省中部沿海，穿山半岛与象山半岛之间，东接大目洋，港域呈东北—西南走向，口宽 20 km，港底宽 3～8 km，纵深约 70 km，总面积达 582.5 km^2。兴建象山港大桥，可将沈海高速（同三线）等多条高速公路与象西线等多条地区性公路连接成网，进一步扩大干线公路的辐射范围，大大缩短象山与宁波的距离，从而实现宁波市“一小时交通经济圈”的战略目标，促进南北地域平衡和区域经济的协调发展。

象山港属典型的北亚热带季风气候，拟建桥位区两岸地形复杂，港北、港南气候差异明显，是强台风直接影响地区之一，曾有 1956 年 12 号等 4 个台风在该区域附近登陆。受多种天气系统影响，灾害性天气频繁，中小尺度天气相对活跃。桥位处水（海）面宽阔，全年均可能出现大风天气。

拟建的象山港大桥为主跨 688 m 的双塔双索面斜拉桥，具有高、柔、大跨度的特点，对风的影响非常敏感，其塔、梁、索的抗风稳定事关桥梁安危。大桥的设计、施工、运营期间必须充分考虑桥区风荷载、气候条件和灾害性天气情况。风荷载是大尺度建筑物所承受的主要荷载之一，低层大气中的大气运动形式主要表现为湍流运动，风湍流特性参数对结构风工程研究及设计应用都具有重要意义，正确分析结构风致振动的前提是对风特性的各种参数进行准确的定义和模拟，准确把握风的湍流特性，同时，设计风速以及风速随高度变化的幂指数 α 又是桥梁风洞试验研究抗风稳定的重要风速参数。因此，掌握桥位地区气候背景并进行梯度风和脉动风的观测和研究十分必要。

4.1　资料处理

边界层的强风湍流观测分析和研究一直为国内外风工程专家所关注，为了准确描述某地的风特性，最有效的办法是对该地区进行大量的观测和分析，得到适合该地区的经验模型和统计参数。

4.1.1　资料来源

我国的风特性实地观测研究起步较晚，沿海受台风影响地区实测资料更缺乏，为掌握象山港地区大气边界层的强风湍流脉动特性，2004 年 12 月，专题组在象山港南侧拟建桥位区附近建立了 60 m 高的梯度测风塔，并于 2005 年 6 月在 25 m 和 55 m 高度处各安装了一套 CSAT3D 超声风速仪。

超声风速仪安装及探头情况见图 4.1，该仪器由美国 Campbell Science 公司生产，具有很高的测量精度和良好的动态跟踪性能，被广泛应用于边界层湍流和结构风工程的测量中。仪器工作环境温度在 −30～50 ℃，水平方向风速量程为 60 m/s，测量精度 <30 mm/s，垂直方向量程为 8 m/s，测量精度 <4 mm/s，其最大动态响应频率达 60 Hz。风速信号用 CR23X 数据记录仪采集，并通过 PC 机串口程序实时存储，能实现长时间不间断湍流观测和记录。

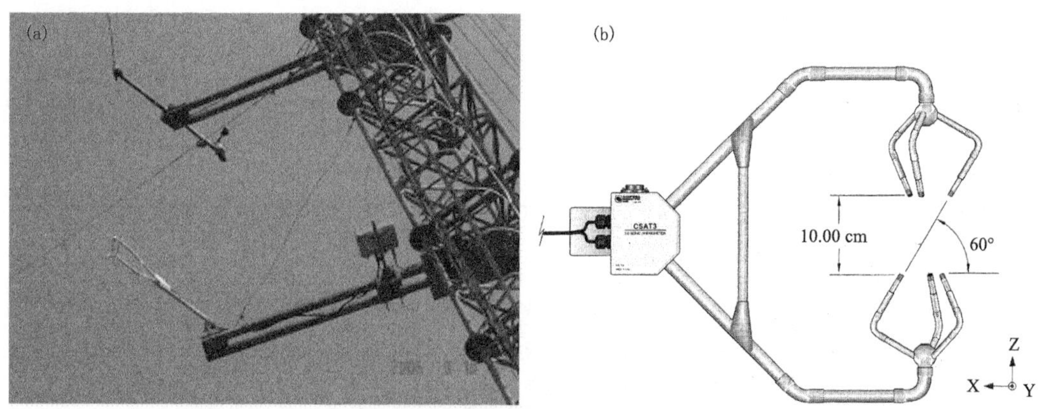

图 4.1　梯度测风塔安装的超声风速仪(a)及探头(b)

本节观测期间设为每秒钟采样 10 次三维瞬时风速，即采样频率为 10 Hz。资料处理过程中，以 10 min 为一个基本时距对所有数据进行处理，每个样本包含 6000 组数据，并根据仪器判别码去除样本数据中的野点和坏点，如一个样本中缺测数据达 17%或以上，则该样本不予考虑。

4.1.2　样本选取

在实际风参数计算与分析中，多选用风速较大的样本资料，在沿海地区，台风等大风的湍流特性更是计算和统计分析的重点。本专题对所有强风样本资料进行了分析比较，观测期间捕捉到了三次重要的大风过程，分别是 2005 年 12 月 21 日的冷空气以及“麦莎”和“卡努”台风。2005 年 8 月 6 日 03 时 40 分，0509 号台风“麦莎”在浙江省台州市玉环县干江镇登陆，象山县石浦气象站过程最大风速为 29.3 m/s，极大风速为 41.2 m/s。2005 年 9 月 11 日 14 时 50 分，0515 号台风“卡努”在台州市路桥区金清镇登陆，石浦站过程最大风速为 33.0 m/s，极大风速为 44.7 m/s。

样本选择和湍流风特性分析的顺序如下。

(1)浏览每日记录的超声风速数据，对当日梯度测风塔 60 m 高度处瞬时风速 >20.8 m/s (9 级)的样本作选择性分析。

(2)按照 10 min 基本时距划分子样本，分析 25 m 和 55 m 高度平均风速和风向变化。

(3)根据风速风向变化曲线，选择持续时间较长，风向稳定的大风样本分析其湍流度、阵风因子、摩阻速度、积分尺度和功率谱密度函数等。

(4)对 25 m 和 55 m 高度观测数据的风特性进行比较。

统计表明，观测期间梯度测风塔 60 m 处极大风速达九级的共有 16 d(表 4.1)，主要天气系统为台风、冷空气、强对流，这样，就获得了相当数量的持续强风样本。

根据有关规范和观测经验发现，一些观测日的瞬时风速虽比较大，但绝大部分时段的风速比较小，有些时段风向很不稳定，则相应的分析结果就难以代表桥梁抗风设计所关心的强风湍流特性。

表 4.1 观测期内梯度测风塔 60 m 处极大风速(m/s)达九级的样本

日期	2005-07-28	2005-08-05	2005-08-06	2005-09-11	2005-09-12	2005-12-04
极大风速	22.2	26.9	40.3	34.2	34.0	24.0
日期	2005-12-21	2006-06-10	2006-06-24	2006-07-14	2006-07-15	2007-01-06
极大风速	24.5	24.5	25.5	24.9	26.6	21.7
日期	2007-01-26	2007-09-19	2007-10-07	2007-10-08		
极大风速	21.3	28.5	23.7	21.2		

典型的强风实测数据段应当具有下列特征。

(1)有较大平均风速出现的时段，本节选用平均风速≥8 m/s。

(2)大风持续的时间具有足够长度，本节选用大风持续时间 1 h 以上。

(3)观测时段内风向比较稳定，具有明显的主导风向。

根据以上三个特征，按照 10 min 基本时距在表 4.1 基础上划分子样本资料，实测个例中，25 m 处强风样本数据达 93.3 h，有效子样本 596 个。55 m 处共有 495 个有效强风子样本。

4.2 计算方法

4.2.1 平均风速和风向

若实测三维风速 $u(t)$，$v(t)$ 和 $w(t)$ 是超声风速仪坐标下 x、y、z 方向的三个实数序列[10]，以 10 min 为一基本时距进行分析，水平平均风速 U 和风向角 Φ 分别由下式计算。

$$U=\sqrt{\overline{u(t)}^2+\overline{v(t)}^2} \tag{4.1}$$

$$\Phi=\tan^{-1}(\overline{v(t)}/\overline{u(t)}) \tag{4.2}$$

垂直方向与仪器坐标 z 轴相同，因此垂直平均风速 W 为

$$W=\overline{w(t)} \tag{4.3}$$

而垂直平均风速 W 和垂直风向角 α 的关系为

$$\alpha=\tan^{-1}(W/U) \tag{4.4}$$

上式中，$\overline{u(t)}$，$\overline{v(t)}$ 和 $\overline{w(t)}$ 分别表示 10 min 时距样本的三维风速平均值。在该时距内，将仪器坐标旋转 Φ 角便得到自然坐标，x、y、z 轴分别为主风向、侧风向和垂直风向(与仪器坐标 z 相同)，则 $u(t)$、$v(t)$ 在 x、y 轴的投影 $u'(t)$ 即为纵向(主风向)脉动风速、$v'(t)$ 为横向(侧风向)脉动风速，分别由下式计算。

$$u'(t)=u(t)\cos\Phi+v(t)\sin\Phi-U \tag{4.5}$$

$$v'(t)=-u(t)\sin\Phi+v(t)\cos\Phi \tag{4.6}$$

$$w'(t)=v(t)-W \tag{4.7}$$

得到的 $u'(t)$、$v'(t)$ 、$w'(t)$ 即为湍流脉动风速统计分析的数据基础。最后对非平稳脉动风速进行去倾处理，以得到一个平稳的随机序列。

4.2.2 湍流度和阵风因子

湍流度反映了风的脉动强度，是确定结构脉动风荷载的关键参数，定义为 10 min 时距的脉动风速标准方差与平均风速的比值为

$$I_i=\frac{\sigma_i}{U} \qquad (i=u,\ v,\ w) \tag{4.8}$$

式(4.8)中，σ_i 表示对应于脉动风速 $u'(t)$，$v'(t)$和 $w'(t)$的均方根，σ_i^2 相当于湍流脉动风速在 i 方向上的动能。

阵风因子也是描述风脉动强度的特征量，通常定义为阵风持续期 t_g 内的平均脉动风速的最大值与 10 min 时距的平均风速之比，表达式如下。

$$G_u(t_g)=1+\frac{\max[\overline{u'(t_g)}]}{U},\ G_v(t_g)=\frac{\max[\overline{v'(t_g)}]}{U},\ G_w(t_g)=\frac{\max[\overline{w'(t_g)}]}{W} \tag{4.9}$$

结构风工程中定义阵风持续期为 2～3 s，此处 t_g 取 3 s。一般来说，t_g 越大对应的阵风因子越小。

4.2.3 摩阻速度和湍流积分长度

摩阻速度 u_* 的计算采用下式表示。

$$u_*^2=\sqrt{(\overline{u'w'})^2+(\overline{v'w'})^2} \tag{4.10}$$

这样更便于与脉动速度的方差比较或用于湍流功率谱密度函数的无量纲化。

摩阻速度的测量数值分散而不稳定，它代表动量的垂直传输强度，较易受到大气湍流不稳定因素的影响。但大气稳定时的摩阻速度与纵向脉动速度均方差存在较好的比例关系。

湍流积分长度 L_u^x 表示的是湍涡的平均空间尺度和平均寿命，它表示总体湍涡的平均大小。湍流积分长度分析方法的选择对结果的稳定性非常重要，比较有效的方法包括利用 Taylor 假设自相关函数积分法和稳态随机信号自拟合的方法等，这里采用前者，设自相关函数为 $R(\tau)$，则

$$L_u^x=\frac{U}{\sigma_u^2}\int_0^{\infty}R(\tau)\mathrm{d}\tau \tag{4.11}$$

由于结构风荷载对湍流尺度特性的敏感性，湍流积分长度通常是一项重要的但容易被忽略的风特性指标。

4.2.4 湍流功率谱密度

湍流功率谱密度函数 $S_i(i=u,v,w)$能够更准确地描述脉动风的特性，它们在频域上的全积分等于脉动风对应方向上的湍流动能，即

$$\int_0^{\infty}S_i(n)\mathrm{d}n=\sigma_i^2 \tag{4.12}$$

式中，n 为频率，$i=(u,v,w)$，S_i 为频域上的分布，可以描述湍流动能在不同尺度水平上的比例。

湍流功率谱密度函数的经验模型多种多样。根据 Kolmlgorov 相似原理，在大气边界层近地区域，湍流功率谱在高频段满足 S_i 与 n 呈对数线性关系的原则，而在低频段 S_i 为常数。我国结构风工程采用的模型如下。

$$\text{Simiu 谱：} \frac{nS_u(n)}{u_*^2} = \frac{200f}{(1+50f)^{\frac{5}{3}}} \tag{4.13}$$

$$\text{Panofsky 谱：} \frac{nS_w(n)}{u_*^2} = \frac{6f}{(1+4f)^2} \tag{4.14}$$

式中，u_* 为摩阻速度，f 为莫宁坐标，定义为 $f=nZ/U$。Z 为离地面的高度(m)，U 表示整个时段的平均风速，n 为频率。

4.3 湍流风特性数据分析和结果

根据观测期间梯度测风塔 60 m 处出现瞬时风速>20.8 m/s(九级)的 16 d 样本资料，对 25 m、55 m 高度超声风速仪资料进行湍流特征分析，并列出 0509 号“麦莎”台风影响实例。

4.3.1 平均风速、风向和攻角

自然界的湍流脉动风速经常是不稳定的，这种不稳定性表现在分析结果的分散性、垂直平均风速的不稳定上。

由表 4.2 和表 4.3 可见，虽然测风仪所在地的地形比较平坦，但垂直平均风速并不为零，强风过程实测值计算结果显示，水平平均风速 25 m 处为 9.34 m/s，55 m 处为 9.96 m/s；垂直平均风速 25 m 处为－0.35～0.22 m/s，55 m 处为－0.48～0.42 m/s，上层比下层略大。

25 m 处平均攻角为－2.12°～1.34°，55 m 处平均攻角为－3.18°～2.58°，上层比下层稍大。

表 4.2 25 m 高度典型强风观测时段的平均风速、风向和攻角

强风过程	观测日期和时段 (年－月－日 时:分)	平均风速		平均风向 (°/方位)	平均攻角 (°)
		U(m/s)	W(m/s)		
强对流	2005-07-28 01:40—04:40	6.25	－0.15	183.59/S	－1.39
	2005-07-28 17:50—18:00	6.44	0.08	4.59/N	0.71
	2006-06-10 12:50—13:10	11.99	－0.35	296.03/WNW	－1.66
	2006-06-24 17:20—18:00	6.84	0.07	99.82/E	0.62
平均		7.88	－0.0875		－0.43
台风	2005-08-05 04:40—13:30	9.58	0.22	57.24/ENE	1.34
	2005-08-05 15:00—22:40	10.75	0.19	73.75/ENE	1.08
	2005-08-06 01:00—05:10	10.85	－0.06	105.90/ESE	－0.34
	2005-09-11 01:10—02:30	7.81	0.10	41.58/NE	0.73
	2005-09-11 05:00—10:40	9.37	0.18	64.61/ENE	1.22
	2005-09-11 22:30—22:40	9.09	－0.19	176.99/S	－1.27
	2005-09-12 00:20—05:30	8.95	－0.22	175.62/S	－1.40
	2005-09-12 10:00—12:10	8.07	－0.29	176.44/S	－2.11
	2006-07-14 13:10—24:00	8.99	－0.15	140.30/SE	－0.94
	2006-07-15 02:10—07:00	10.35	－0.25	154.78/SSE	－1.36

续表

强风过程	观测日期和时段 (年—月—日 时:分)	平均风速		平均风向 (°/方位)	平均攻角 (°)
		U(m/s)	W(m/s)		
平均		9.381	−0.047		−0.305
冷空气	2005-12-04　05:30—15:10	11.89	−0.26	322.02/NW	−1.29
	2005-12-21　05:00—24:00	10.89	−0.26	316.58/NW	−1.34
	2007-01-06　03:40—04:40	9.10	−0.34	314.95/NW	−2.12
	2007-01-06　10:20—17:40	11.03	−0.32	316.27/NW	−1.60
	2007-01-26　12:00—16:10	9.26	−0.25	319.27/NW	−1.52
平均		10.434	−0.286		−1.574
总体平均		9.34	−0.12	/	−0.67
极值	夏季最大	13.98	0.71		3.82
	冬季最大	14.92	0.14		1.16

注:表中极值选自 596 个有效 10 min 子样本资料。

表 4.3　55 m 高度典型强风观测时段的平均风速、风向和攻角

强风过程	观测日期和时段 (年-月-日 时:分)	平均风速		平均风向 (°/方位)	平均攻角 (°)
		U(m/s)	W(m/s)		
强对流	2005-07-28　01:40—04:40	6.81	−0.20	185.36/S	−1.64
	2005-07-28　17:50—18:00	8.03	0.32	2.34/N	2.28
	2006-06-10　12:50—13:10	11.20	0.42	296.76/WNW	2.13
	2006-06-24　17:20—18:00	8.24	0.37	117.58/ESE	2.58
平均		8.57	0.28		1.34
台风	2005-08-05　04:40—13:30	10.33	0.24	59.19/NE	1.36
	2005-08-05　15:00—22:40	11.35	−0.04	77.40/ENE	−0.05
	2005-08-06　01:00—05:10	12.38	−0.42	107.23/ESE	−1.83
	2005-09-11　01:10—02:30	8.59	0.06	48.98/NE	0.42
	2005-09-11　05:00—10:40	10.32	0.14	67.42/ENE	0.93
	2005-09-11　22:30—22:40	10.91	−0.08	178.93/S	−0.40
	2005-09-12　00:20—05:30	9.66	−0.36	178.23/S	−2.09
	2005-09-12　10:00—12:10	8.68	−0.48	178.58/S	−3.18
	2007-09-19　04:10—09:40	9.88	−0.30	137.04/SE	−1.66
	2007-10-07　02:10—05:20	8.67	0.32	68.87/ENE	2.10
	2007-10-07　07:40—08:30	8.72	0.24	70.27/ENE	1.64
	2007-10-07　14:40—16:20	8.56	−0.13	99.71/E	−0.80
	2007-10-08　17:20—20:40	11.06	0.17	328.69/NNW	−0.85
平均		9.93	−0.05		−0.34

续表

强风过程	观测日期和时段 (年-月-日 时:分)	平均风速		平均风向 (°/方位)	平均攻角 (°)
		U(m/s)	W(m/s)		
冷空气	2005-12-04 05:30—15:10	13.20	0.18	324.87/NW	0.81
	2005-12-21 05:00—24:00	12.62	0.23	319.63/NW	1.07
平均		12.91	0.21		0.94
总体平均		9.96	0.05		0.15
极值	夏季最大	19.82	−1.28		8.77
	冬季最大	16.95	1.04		9.04

注:表中极值选自 495 个有效 10 min 子样本资料。

总体上,测风仪所在位置较平坦,垂直平均风速和风攻角的绝对值并不大,55 m 处风速比 25 m 处大,垂直平均风速也略大。“麦莎”台风影响期间垂直平均风速下层反而比上层略大(图 4.2)。

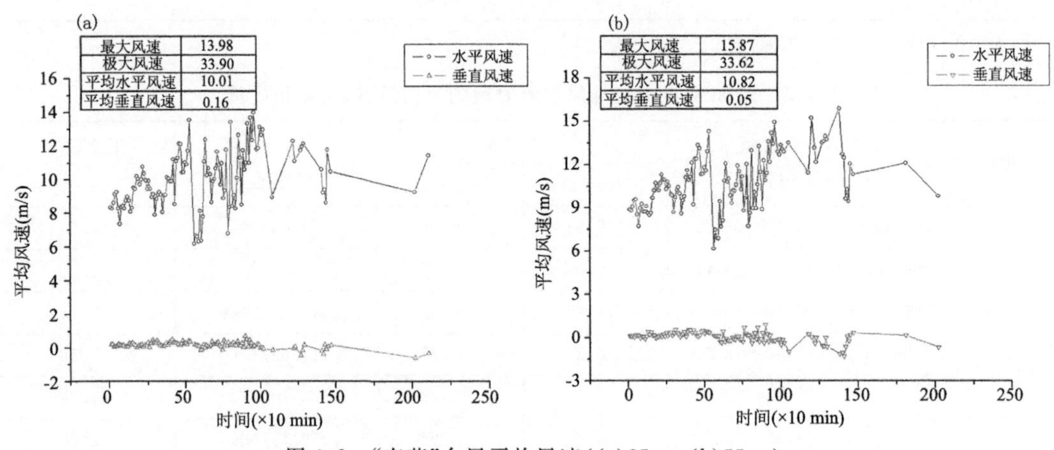

图 4.2 “麦莎”台风平均风速((a)25 m,(b)55 m)

4.3.2 湍流度和阵风因子

与平均风速、风向分析方法相同,选取其中持续稳定的典型的强风实测数据,对湍流度和阵风因子进行总体平均,如表 4.4 和表 4.5 所示,结果表明,25 m 和 55 m 高度的湍流度之比 $Iu:Iv:Iw$ 分别为 1:0.84:0.50、1:0.82:0.55,阵风因子 Gu 分别为 1.644、1.623,实测分析的总体平均值与《桥梁抗风设计指南》规定的基本一致。

总体上,55 m 处平均湍流度和阵风因子都比 25 m 处略大。

表 4.4 25 m 高度典型强风观测时段的平均湍流度和阵风因子

强风过程	观测日期和时段 (年-月-日 时:分)	湍流度			阵风因子		
		Iu	Iv	Iw	Gu	Gv	Gw
强对流	2005-07-28 01:40—04:40	0.204	0.169	0.096	1.475	0.407	0.227
	2005-07-28 17:50—18:00	0.181	0.130	0.095	1.553	0.333	0.280
	2006-06-10 12:50—13:10	0.369	0.259	0.092	1.779	0.553	0.186
	2006-06-24 17:20—18:00	0.268	0.221	0.101	1.633	0.480	0.229

续表

强风过程	观测日期和时段（年-月-日 时:分）	湍流度			阵风因子		
		*I*u	*I*v	*I*w	*G*u	*G*v	*G*w
平均		0.256	0.195	0.096	1.610	0.443	0.231
台风	2005-08-05 04:40—13:30	0.193	0.166	0.116	1.497	0.430	0.262
	2005-08-05 15:00—22:40	0.294	0.265	0.174	1.767	0.721	0.439
	2005-08-06 01:00—05:10	0.392	0.400	0.243	2.092	1.114	0.644
	2005-09-11 01:10—02:30	0.126	0.100	0.075	1.316	0.245	0.157
	2005-09-11 05:00—10:40	0.195	0.171	0.120	1.490	0.442	0.286
	2005-09-11 22:30—22:40	0.340	0.331	0.142	1.903	0.959	0.335
	2005-09-12 00:20—05:30	0.279	0.219	0.124	1.716	0.573	0.341
	2005-09-12 10:00—12:10	0.267	0.223	0.128	1.637	0.535	0.370
	2006-07-14 13:10—24:00	0.328	0.324	0.193	1.883	0.841	0.522
	2006-07-15 02:10—07:00	0.224	0.174	0.104	1.558	0.426	0.264
平均		0.264	0.237	0.142	1.686	0.629	0.362
冷空气	2005-12-04 05:30—15:10	0.197	0.165	0.102	1.549	0.405	0.240
	2005-12-21 05:00—24:00	0.232	0.185	0.125	1.607	0.438	0.301
	2007-01-06 03:40—04:40	0.217	0.165	0.114	1.650	0.416	0.271
	2007-01-06 10:20—17:40	0.201	0.162	0.106	1.549	0.389	0.245
	2007-01-26 12:00—16:10	0.220	0.170	0.113	1.588	0.403	0.276
平均		0.213	0.169	0.112	1.589	0.410	0.267
总体平均		0.249	0.210	0.124	1.644	0.532	0.309

表 4.5　55 m 高度典型强风观测时段的平均湍流度和阵风因子

强风过程	观测日期和时段（年-月-日 时:分）	湍流度			阵风因子		
		*I*u	*I*v	*I*w	*G*u	*G*v	*G*w
强对流	2005-07-28 01:40—04:40	0.183	0.145	0.102	1.405	0.324	0.252
	2005-07-28 17:50—18:00	0.164	0.101	0.065	1.450	0.246	0.207
	2006-06-10 12:50—13:10	0.814	0.372	0.098	2.205	0.755	0.292
	2006-06-24 17:20—18:00	0.252	0.244	0.086	1.622	0.524	0.218
平均		0.353	0.216	0.088	1.671	0.462	0.242
台风	2005-08-05 04:40—13:30	0.177	0.155	0.123	1.448	0.391	0.301
	2005-08-05 15:00—22:40	0.282	0.251	0.209	1.719	0.707	0.525
	2005-08-06 01:00—05:10	0.369	0.358	0.282	2.009	0.862	0.698
	2005-09-11 01:10—02:30	0.110	0.081	0.063	1.270	0.190	0.155
	2005-09-11 05:00—10:40	0.179	0.159	0.131	1.443	0.405	0.318
	2005-09-11 22:30—22:40	0.348	0.271	0.158	2.100	0.719	0.437
	2005-09-12 00:20—05:30	0.251	0.209	0.143	1.618	0.543	0.398
	2005-09-12 10:00—12:10	0.246	0.210	0.150	1.593	0.515	0.376
	2007-09-19 04:10—09:40	0.324	0.335	0.243	1.874	0.822	0.635
	2007-10-07 02:10—05:20	0.221	0.198	0.161	1.560	0.487	0.400
	2007-10-07 07:40—08:30	0.264	0.222	0.211	1.610	0.566	0.543
	2007-10-07 14:40—16:20	0.382	0.367	0.287	1.967	0.955	0.720
	2007-10-08 17:20—20:40	0.098	0.079	0.049	1.271	0.212	0.149

续表

强风过程	观测日期和时段（年-月-日 时:分）	湍流度			阵风因子		
		*I*u	*I*v	*I*w	*G*u	*G*v	*G*w
平均		0.250	0.223	0.170	1.652	0.567	0.435
冷空气	2005-12-04 05:30—15:10	0.126	0.132	0.074	1.318	0.327	0.191
	2005-12-21 05:00—24:00	0.138	0.141	0.080	1.363	0.355	0.214
平均		0.132	0.137	0.077	1.341	0.341	0.203
总体平均		0.259	0.212	0.143	1.623	0.521	0.370

“麦莎”台风影响期间，阵风因子 *G*u 和 *G*v 低层比高层大，阵风因子 *G*w 高层比低层大，总体相差不显著（图 4.3）。

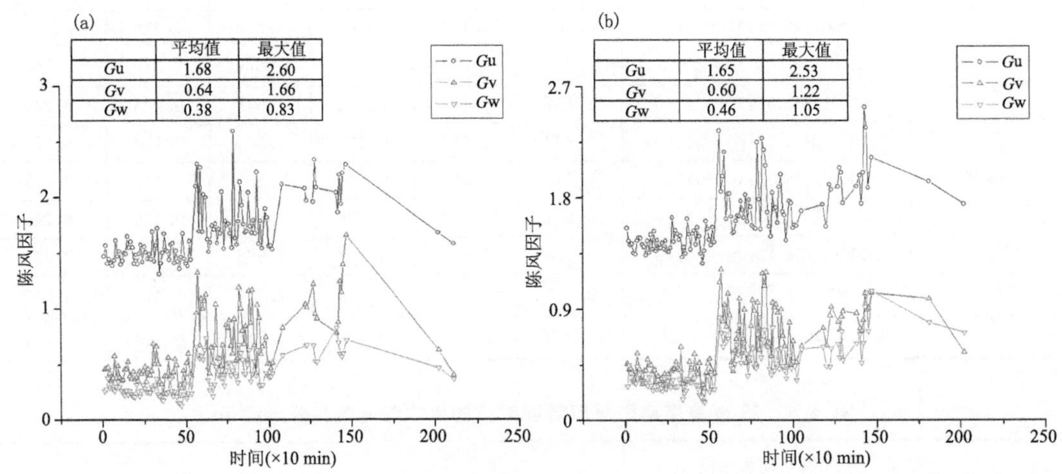

图 4.3 “麦莎”台风阵风因子（(a)25 m，(b)55 m）

4.3.3 摩阻速度和湍流积分长度

从表 4.6 和表 4.7 可以看出，25 m 高度处的摩阻速度平均为 2.768 m^2/s^2，比 55 m 高度处的 3.566 m^2/s^2 明显偏小。25 m 高度处的湍流积分长度最大达到 212.41 m，最小仅有 66.98 m，总体平均值为 139.51 m。55 m 高度处湍流积分长度最大为 372.16 m，最小仅有 59.41 m，总体平均值 173.51 m。

表 4.6 25 m 高度典型强风观测时段的摩阻速度和湍流积分长度

强风过程	观测日期和时段（年-月-日 时:分）	摩阻速度（m^2/s^2）	湍流积分长度 L_u^x(m)
强对流	2005-07-28 01:40—04:40	0.723	66.98
	2005-07-28 17:50—18:00	0.642	142.26
	2006-06-10 12:50—13:10	1.343	76.88
	2006-06-24 17:20—18:00	1.329	134.12
平均		0.606	52.60

续表

强风过程	观测日期和时段 （年-月-日 时:分）	摩阻速度 （m^2/s^2）	湍流积分长度 L_u^x(m)
台风	2005-08-05　04:40—13:30	1.998	112.84
	2005-08-05　15:00—22:40	5.506	164.12
	2005-08-06　01:00—05:10	10.661	125.67
	2005-09-11　01:10—02:30	0.538	101.84
	2005-09-11　05:00—10:40	2.032	84.14
	2005-09-11　22:30—22:40	3.943	/
	2005-09-12　00:20—05:30	2.496	137.13
	2005-09-12　10:00—12:10	2.084	179.90
	2006-07-14　13:10—24:00	4.869	101.81
	2006-07-15　02:10—07:00	2.177	159.08
平均		3.63	129.61
冷空气	2005-12-04　05:30—15:10	2.702	203.34
	2005-12-21　05:00—24:00	3.253	161.94
	2007-01-06　03:40—04:40	1.896	212.41
	2007-01-06　10:20—17:40	2.456	185.17
	2007-01-26　12:00—16:10	1.935	161.56
平均		2.448	184.88
总体平均		2.768	139.51

表 4.7　55 m 高度典型强风观测时段的摩阻速度和湍流积分长度

强风过程	观测日期和时段 （年-月-日 时:分）	摩阻速度 （m^2/s^2）	湍流积分长度 L_u^x(m)
强对流	2005-07-28　01:40—04:40	0.800	59.41
	2005-07-28　17:50—18:00	0.379	242.76
	2006-06-10　12:50—13:10	1.324	99.79
	2006-06-24　17:20—18:00	1.123	155.91
平均		0.907	139.47
台风	2005-08-05　04:40—13:30	2.273	129.62
	2005-08-05　15:00—22:40	7.171	216.05
	2005-08-06　01:00—05:10	14.705	126.90
	2005-09-11　01:10—02:30	0.495	182.10
	2005-09-11　05:00—10:40	2.408	75.54
	2005-09-11　22:30—22:40	5.689	/
	2005-09-12　00:20—05:30	3.180	128.00
	2005-09-12　10:00—12:10	2.707	101.76
	2007-09-19　04:10—09:40	7.404	145.60
	2007-10-07　02:10—05:20	2.626	107.64
	2007-10-07　07:40—08:30	3.998	203.26
	2007-10-07　14:40—16:20	7.455	/
	2007-10-08　17:20—20:40	0.525	318.98

续表

强风过程	观测日期和时段（年-月-日 时:分）	摩阻速度（m^2/s^2）	湍流积分长度 L_u^x(m)
平均		4.664	157.77
冷空气	2005-12-04　05:30—15:10	1.686	372.16
	2005-12-21　05:00—24:00	1.804	284.15
平均		1.745	328.16
总体平均		3.566	173.51

即使是同一次典型强风过程，其不同观测时段的摩阻速度值差异也较大，如“麦莎”台风期间，2005 年 8 月 6 日 25 m 高度处最大摩阻速度为 10.661 m^2/s^2，55 m 高度处最大摩阻速度为 14.705 m^2/s^2，明显比 8 月 5 日的两个观测时段大。

总体上，25 m 高度处的摩阻速度、湍流积分长度均比 55 m 高度处明显偏小。“麦莎”台风湍流积分长度分析结果与此类似(图 4.4)。

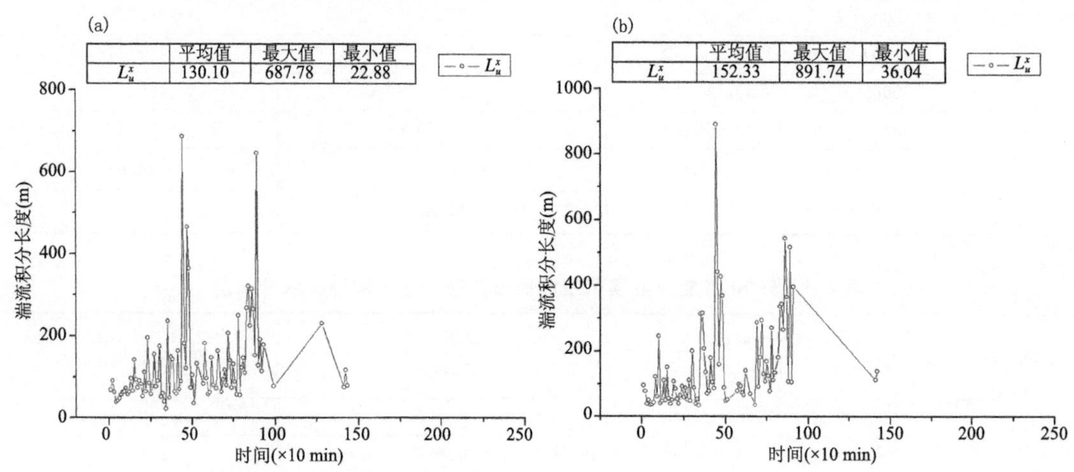

图 4.4　“麦莎”台风湍流积分长度((a)25 m,(b)55 m)

4.3.4　湍流功率谱密度

图 4.5 和图 4.6 分别为一次冷空气和 0509 号“麦莎”台风的 25 m 和 55 m 处两层实测湍流功率谱密度，结果表明，由公式(4.13)和公式(4.14)表征的拟合曲线(图中的实线部分)能够较好地描述象山港脉动风的湍流特性。分析典型时段的实测湍流功率谱密度函数曲线，发现横向和纵向的动能谱与 Kaimal 谱基本吻合，但 25 m 的实测低频段偏小。随着高度增加，湍流积分尺度增大，湍流能量向低频段偏移。由于低频能量的增加，55 m 处的实测曲线更接近 Kaimal 谱。在低频段的能量顺序是：纵向分量＞横向分量＞垂直向分量，在高频段的能量顺序恰好相反，这些也和其他学者的观测分析结果一致。

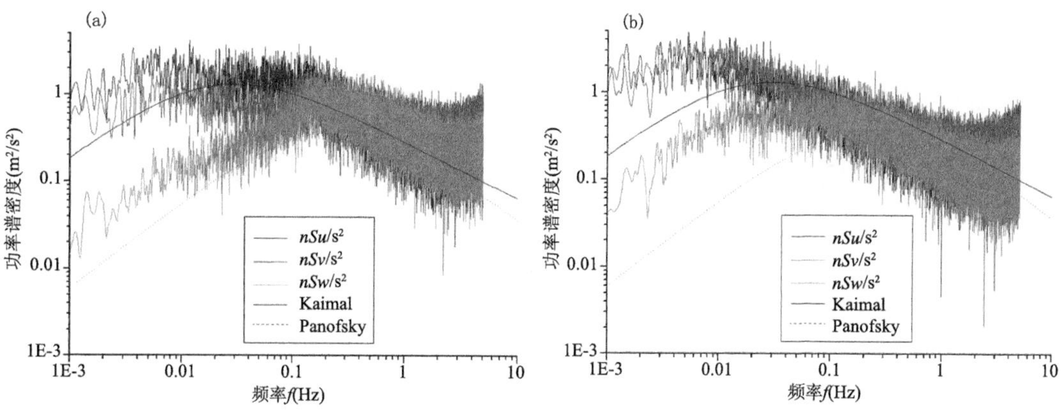

图 4.5　2005 年 12 月 21 日冷空气过程湍流功率谱密度((a)25 m,(b)55 m)(见彩插)

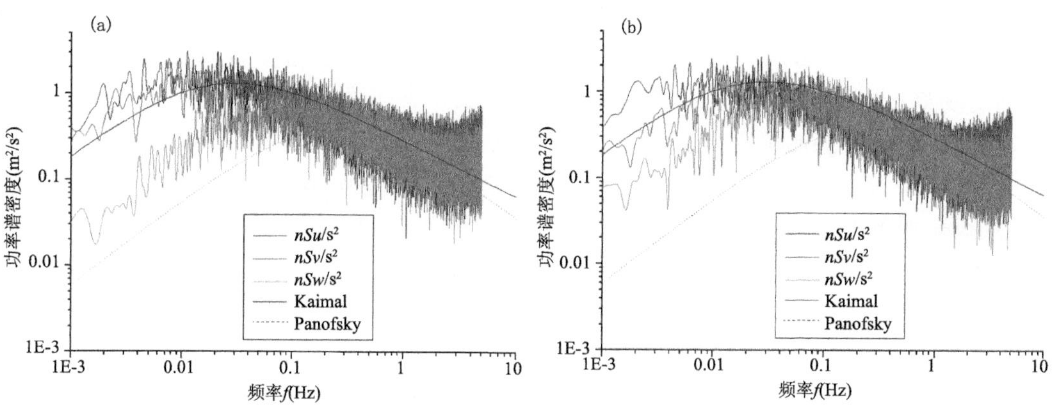

图 4.6　“麦莎”台风湍流功率谱密度

((a)25 m 台风登陆后 0.3 h,u=11.7,w=-0.58;(b)55 m 台风登陆后 0.5 h,u=12.5,w=-1.28)(见彩插)

第5章 檀头山风电场风能资源评估

5.1 概况

能源是经济命脉，也是社会发展的重要物质基础，工业革命以来，世界能源消费剧增，化石能源资源消耗迅速，温室气体排放严重，生态环境不断恶化，全球气候变暖形势日益严峻，人类社会的可持续发展受到严重威胁。风能是重要的可再生能源，风电资源的合理开发利用，既可以提供充足的电力，又不增加环境的压力，还可为当地增加新的旅游景观，具有明显的社会效益和环境效益。

2004年8月起，某能源科技公司分别在象山县檀头山的前岩、小房子和大王宫等地先后建立了四个测风点，其中前岩有二个测风点，高度分别为10 m、25 m、40 m和10 m、30 m、40 m各三层，积累了6个月以上不等的测风资料，其中2005年的资料相对完整。檀头山测风点基本情况见表5.1。

表5.1 檀头山测风点基本情况

编号	地点	经纬度	海拔高度(m)	NRG风速设置层(m)	NRG风向设置层(m)	测风资料起讫时间
1#	前岩1	29°10′17″N 122°01′31″E	120	10、25、40	25、40	2005-01-25至 2006-01-22
2#	前岩2	29°09′48″N 122°01′14″E	183	10、30、40	10、40	2005-09-15至 2006-04-20
3#	小房子	29°10′36″N 122°02′22″E	168	10	10	2004-11-14至 2005-11-12
4#	大王宫	29°10′12″N 122°03′18″E	185	10	10	2004-08-17至 2006-04-20

离拟建风电场最近的石浦站建于1955年10月，建站以后没有进行过搬迁，属国家基本气象站，专题研究开始前，2 min定时风观测已有50多年的历史，极大风(瞬时)和逐时风观测47年，10 min平均最大风观测35年(表5.2)。

表5.2 石浦站基本情况

站名	地点	经纬度	海拔高度(m)	风仪离地高度(m)	测风资料起讫时间
石浦气象站	东门炮台山	29°12′N 121°57′E	128.4	12.6	1956-01-01至今

由于工程区域檀头山岛设立的测风点资料年代短、无完整的全年资料，而石浦站距檀头山各测风点中最近的为 8.0 km、最远的也只有 10.7 km，加之本工程位于海岛，石浦站则位于石浦镇东南的东门岛，气候条件相近，因此，工程区域与石浦站的风资料经过相关计算，在符合统计检验的条件下，可以通过相关公式用石浦站资料对各测风点资料进行延长和订正补充（图 5.1）。

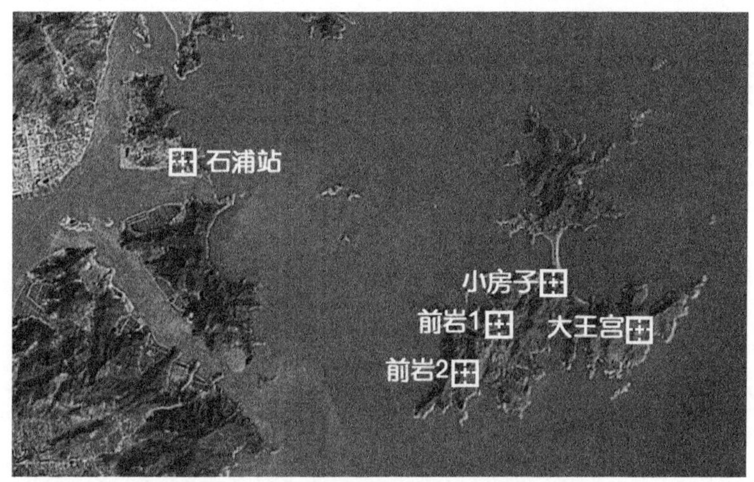

图 5.1　参证站和檀头山测风点位置示意图

5.2　风速平年的确定

石浦站测风资料开始于 1956 年，其 50 年平均风速为 5.27 m/s；根据 WMO（世界气象组织）的有关规定，以其 1971—2000 年的 30 年平均值 5.23 m/s 作为标准气候值，而 2005 年平均风速为5.2 m/s，接近常年平均值。

图 5.2 为石浦站逐年平均风速变化曲线。从图中可见，进入 20 世纪 80 年代后，仅 1990 年、1992 年两年风速在平均值以上，年平均风速减小的趋势较明显。

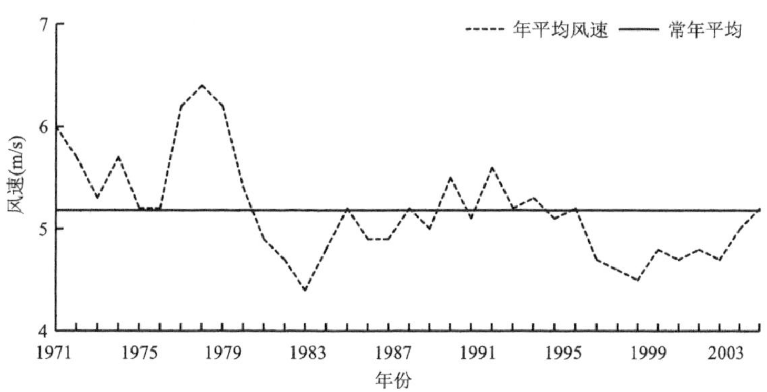

图 5.2　石浦站 1971—2005 年平均风速变化图

石浦站年平均风速最大的 1978 年达 6.4 m/s，最小的 1983 年为 4.4 m/s。据此，将风速年景进行划分，见表 5.3。

表 5.3　石浦站风速的年景划分(m/s)

风速年景	极端小风年	小风年	平均风年	大风年	极端大风年
年平均风速	＜4.7	4.7～5.0	5.1～5.5	5.6～6.0	＞6.0
年景指标值	4.50	4.85	5.25	5.75	6.15

因此，可将 2005 年定为平均风年。对风速平年所作的风能资源评估，可减少风电场实际运行所产生的误差。

由于现场各测点开始测风的时间不同，4＃点大王宫与 2＃点前岩 2 相差更是长达一年多。为便于比较、计算和分析，本专题通过延长和订正补充，计算了工程区域测风资料相对完整的 2005 年 1 月 1 日至 12 月 31 日的风资源状况。

因此，本专题所作的风能分析评估是基于风速平年的评估，可作为风能代表年供风电场建设和运营参考。

5.3　计算方法

5.3.1　空气密度

空气密度可由下式计算得到：

$$\rho=\frac{1.293}{1+0.00367t}\left(\frac{p-0.378e}{1000}\right) \tag{5.1}$$

式中，t 为气温(℃)，p 为气压(hPa)，e 为水汽压(hPa)。

5.3.2　风速区间的设定

(1)本工程现场测风仪器均为美国 NRG，因此，本节所指的平均风速为 10 min 平均，最大风速为历次 10 min 平均风速的最大值，极大风速为 2 s 时段内平均风速的最大值。

(2)依据《风电场风能资源评估方法》(GB/T 18710—2002)，本专题风速和风能频率分布的计算以 1 m/s 为一个风速区间，每个风速区间由中间值数字代表，如 5 m/s 风速代表的风速区间为 4.5～5.4 m/s。

(3)有效风速范围限定为 3～25 m/s。有效风速，是指当风速达到能启动风机直至由于风力过大而切断风机之间的风速，通常生产中有效风速的考虑范围为 3～25 m/s，即风速达到 3 m/s启动风机，风速达到 25 m/s 时由于风力过大而切断风机。分析有效风速的特征可为风电场设计提供重要参考。每年出现有效风速时数的总和称为年有效风速时数。

5.3.3　平均风功率密度、有效风功率密度及有效风能时数

计算风功率密度及风能时数有两种方法，即直接法和 Weibull 双参数法。

(1)直接法

直接法适用于有较为密集的现场测风记录的风电场，也是最为客观的风能资源评价方法。平均风功率密度计算公式为

$$\overline{D_{wp}} = \frac{1}{2n}\sum_{i=1}^{n}\rho \cdot v_i^3 \tag{5.2}$$

式中，$\overline{D_{wp}}$为设定时段的平均风功率密度（W/m^2），n 为设定时段内的记录数，ρ 为空气密度（kg/m^3），v_i^3 为第 i 个记录风速（m/s）值的立方。

有效风功率密度是指设定时段内，所有有效风速的平均风功率密度。有效风速一般为3～25 m/s。同理可知，有效风能时数是指设定时段内有效风速的累积小时数。

（2）Weibull 双参数法

双参数 Weibull 分布是一种单峰的正偏态分布。假定风速概率满足 Weibull 双参数分布，其概率密度函数表达式为

$$P(x) = \int_0^v f(v)\mathrm{d}v = 1 - \mathrm{e}^{\left[-\frac{v}{c}\right]^k} \tag{5.3}$$

式中，v 是风速（m/s）；k 是形状参数，无因次量；c 是尺度参数，其量纲与速度相同。

通过实测资料或邻近气象站的测风资料来估计其形状参数 k 和尺度参数 c，从而实现对测风点风能资源的长期平均状况的评价。尺度参数 c 及形状参数 k 的估算方法通常情况下有最小二乘法、平均风速和标准差估算法、平均风速和最大风速估算法等。本专题采用最小二乘法来进行 Weibull 双参数的估算。参数确定后即可计算双参数平均风功率密度、有效风功率密度和有效风能时数。

平均风功率密度计算公式为

$$\overline{D_{wp}} = 0.5\rho v^3 \Gamma(3/k+1) \tag{5.4}$$

式（5.4）中，Γ 为伽玛函数，ρ 为空气密度（kg/m^3），v 是风速（m/s）。

有效风功率密度计算公式为

$$\overline{D_{WPE}} = \frac{0.5\rho(k/c)}{\mathrm{e}^{-(v_1/c)^k} - \mathrm{e}^{-(v_2/c)^k}}\int_{v_1}^{v_2} v^3 (v/c)^{k-1}\mathrm{e}^{-(v/c)^k}\mathrm{d}v \tag{5.5}$$

式中，ρ 为空气密度（kg/m^3），v 是风速（m/s），v_1 为起动风速（m/s），v_2 为切出风速（m/s）。

有效风能时数计算公式为

$$t = T\{\mathrm{e}^{-(v_1/c)^k} - \mathrm{e}^{-(v_2/c)^k}\} \tag{5.6}$$

上式中，v_1 为起动风速（m/s），v_2 为切出风速（m/s），T 为总观测时数（h）。

5.3.4　平均风能密度和有效风能密度

风能是气流流过的动能，在单位时间内气流流过单位面积的风能即风功率，其计算公式为

$$W=\frac{1}{2}\rho v^3 \tag{5.7}$$

式（5.7）中，ρ 为空气密度（kg/m^3），v 为风速（m/s），W 为风功率（W/m^2）。

由于风速的随机性很大，要计算其风能必须通过一定时间长度内的观测才能了解风速平均情况。因此，求取某一段时间长度内的平均风能密度$\overline{W}$（$(kW \cdot h)/m^2$），只要将风功率对该段时间 T（h）积分后平均即可：

$$\overline{W} = \frac{1}{T}\int_0^\infty \frac{1}{2}\rho v^3 \mathrm{d}t \tag{5.8}$$

对于风力发电机而言，可利用的风能是在“起动风速”到“切出风速”之间的风速段，这个范围内的风能，即通称的“有效风能”（E_e），这个范围内的平均风能密度，即通称的“有效风能密

度”(W_e)，其计算公式为

$$W_e = \int_{v_1}^{v_2} \frac{1}{2}\rho v^3 P'(v)\mathrm{d}v \tag{5.9}$$

式中，v_1 为起动风速(m/s)，v_2 为切出风速(m/s)，$P'(v)$为有效风速范围内风速的条件概率分布密度函数，其表达式为

$$P'(v)=\frac{P(v)}{P(v_1\leqslant v\leqslant v_2)}=\frac{P(v)}{P(v\leqslant v_2)-P(v\leqslant v_1)} \tag{5.10}$$

5.4　资料处理

5.4.1　工程区域测风情况

工程区域各测风点的位置、所采用的测风仪器及所在高度、观测时间等详见表 5.2。虽然 2005 年度各测点测风资料均有缺测现象，但除 2＃点只有 103 d 资料外，其他测点资料均在 300 d 以上。

经过对原始资料的仔细分析发现，工程区域 3＃点小房子、4＃点大王宫测风初始时间的设置非常混乱，各个数据文件的修正值不同、相互之间还有重叠或脱节现象。为此，将该两处所有测风文件资料逐个与石浦站资料进行相关计算和检验，并结合石浦、象山等气象站观测到的天气过程加以比较、分析，对资料的时间设置进行了调整和校正，从而取得符合实际情况的有效数据，回归原始数据组。

5.4.2　资料预处理

各测风点缺测时间段资料的订正补充，均使用石浦站同步资料通过推算得到。相关推算方程见表 5.4，表中 X 为石浦站风速，样本数为各测风点所有资料中的有效观测日数。

表 5.4　测风点和石浦站相关计算方程表

测点编号	高度(m)	相关系数	方程	样本数
1＃	10	0.816933	$Y=0.379917+1.084496X$	415
	25	0.777048	$Y=0.737237+1.114169X$	430
	40	0.795027	$Y=0.803265+1.236103X$	430
2＃	10	0.668964	$Y=1.536704+0.705419X$	213
	30	0.797647	$Y=0.265503+1.309473X$	213
	40	0.774739	$Y=-0.13804+1.607909X$	213
3＃	10	0.832549	$Y=1.084103+1.189432X$	364
4＃	10	0.874708	$Y=0.737336+1.344178X$	526

同样，各测风点的风向观测资料也经过了相关计算和对比分析。专题组在测风点现场考察中发现，1＃点前岩 1 的 25 m、2＃点前岩 2 的 10 m 和 40 m、3＃点小房子、4＃点大王宫所安装的风向标有 20°～90°的方向差。由图 5.3 可见，3＃点风向标方向偏差了 90°。由于大部分测风点因上下层风向偏差、风向仪被吹歪、风向传感器故障等原因，风向数据基本缺失或不

可用,因此在风能资源分析计算中无法采用。

图 5.3　向北拍摄的 3# 测风点示意图

综合分析认为,1# 点 40 m 高度风向资料较完整、可靠,故在本专题风能资源分析中风向玫瑰图的绘制均采用了 1# 点 40 m 的风向资料,并将部分测点的初始时间设置进行了调整和校正,对不合理数据和缺测数据进行了处理,缺测资料采用石浦站同步资料进行推算。

5.5　工程区域空气密度的确定

由于各测风点缺少压、温、湿等有关资料,为客观地评价工程区域风能资源状况,本节中的空气密度采用石浦站资料计算得到。

檀头山各测风点的海拔高度在 120～185 m,与石浦站海拔高度 128.4 m 相差不大。经海拔高度及气温的订正公式计算后得知,海拔最高的 4# 点大王宫其空气密度仅比石浦站小 0.007 kg/m³,对风能的计算影响很小,可以忽略。

经公式(5.1)计算,石浦站累年平均空气密度为 1.216 kg/m³,历年值在 1.207～1.218 kg/m³,年际差异较小。而随气温、气压、湿度的变化造成的空气密度月变化相对较大,在 1.139～1.259 kg/m³,冬季最大,夏季最小,但相差也只有 0.120 kg/m³。

图 5.4 为石浦站 1971—2000 年 30 年平均与 2005 年的空气密度月际变化情况,可以看出,2005 年石浦站各月空气密度值与 30 年平均值极为接近。经过对 2005 年度实测资料的计

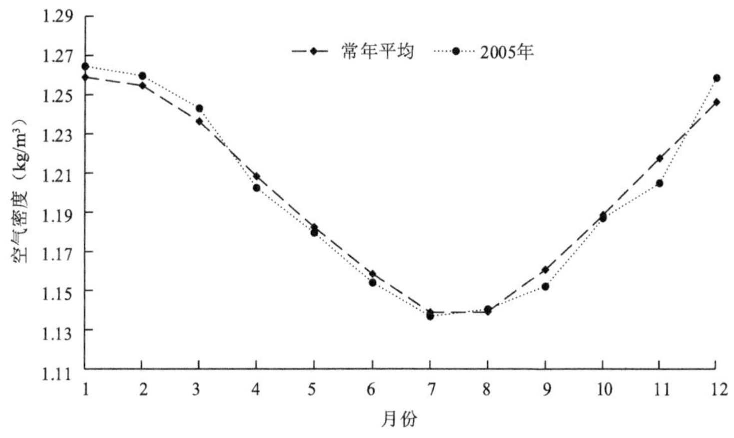

图 5.4　石浦站空气密度月变化

算表明，采用各月的空气密度值计算出来的年平均有效风能密度，比采用年平均空气密度值计算出的年平均有效风能密度大 2%左右。

按照《风电场风能资源评估方法》(GB/T 18710—2002)空气密度必须是当地年平均值计算的要求，综合考虑年、月空气密度的变化情况，本专题中工程区域的空气密度值采用$\rho=1.213\ kg/m^3$。

5.6 风速

风速是指空间某一点，在给定的时段内各次观测的风速之和除以观测次数。除约定者外，一般所说的风速，意味着是平均风速，如地面观测中的正点(小时)风速，实际上是正点前 10 min的平均风速。

求平均风速所取的时段至少在几分钟以上，如 10 min 平均风速、小时平均风速、日平均风速、月平均风速、年平均风速等。在对各测风点逐时风速进行修正后，可计算得到檀头山风电场风速平年 2005 年 1—12 月的风况。

5.6.1 平均风速日变化

各测风点平均风速日变化情况见图 5.5—图 5.7。

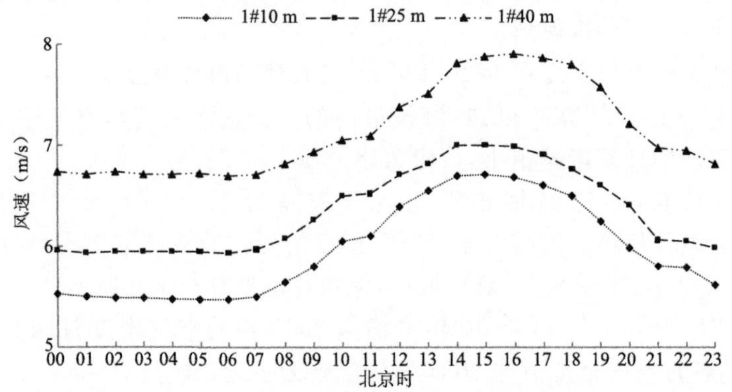

图 5.5 1#点各高度平均风速日变化

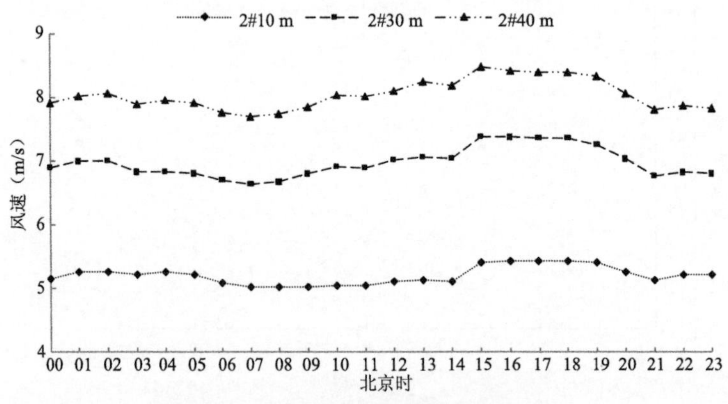

图 5.6 2#点各高度平均风速日变化

总的来看，各测风点全天风速较平稳，下午到傍晚风速相对较大。各测风点各高度平均风速的日变化趋势基本一致。

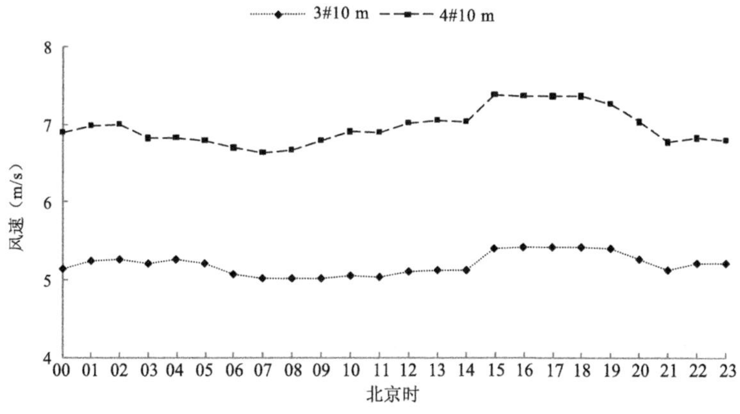

图 5.7　3＃和 4＃点 10 m 高度平均风速日变化

5.6.2　平均风速年变化

2005 年全年及各月的平均风速及其变化情况见表 5.5、图 5.8—图 5.10。总的来看，6 月和 11 月各测风点的风速都出现了相对低点，其中 6 月风速最小。

各高度风速情况：10 m 高度 1＃～4＃测风点年平均风速在 5.2～7.5 m/s，以 4＃点最大，其次为 3＃点、1＃点，2＃点最小。1＃25 m 高度平均风速比 10 m 处仅增大了 0.4 m/s，2＃30 m高度平均风速则比 10 m 处增大了 1.8 m/s。1＃、2＃点 40 m 高度的平均风速分别比 10 m处增大了 1.2 m/s、2.5 m/s。

对比各高度风速可见，1＃、2＃两测点风随高度变化相差较明显，分析其原因可能是，1＃测风点前岩 1 是在四周略高的一处山腰中，风随高度的变化较小；现场勘察发现，2＃点设在较平缓的山的西北坡上，下垫面主要是较高的树木灌木，其 10 m 高度风速偏小，风随高度的变化则较大。

表 5.5　檀头山风电场各测风点各月平均风速(m/s)

测风点	1	2	3	4	5	6	7	8	9	10	11	12	年平均
1＃10 m	5.8	6.5	5.9	5.2	4.7	4.4	6.9	6.1	6.4	6.5	5.6	6.5	5.9
2＃10 m	4.9	5.0	4.8	5.0	4.8	4.7	6.0	5.5	5.8	5.1	4.8	5.7	5.2
3＃10 m	7.8	7.7	6.8	6.3	5.7	5.6	8.5	7.5	7.6	7.8	6.6	7.2	7.1
4＃10 m	8.0	8.1	7.2	6.9	6.6	6.4	9.2	8.2	7.5	7.3	7.2	7.6	7.5
1＃25 m	6.4	7.3	6.3	5.4	5.1	4.7	7.1	6.4	6.8	7.1	6.1	7.3	6.3
2＃30 m	6.4	6.6	6.3	6.7	6.4	6.1	8.6	7.7	7.8	7.3	6.4	7.4	7.0
1＃40 m	7.0	7.9	7.0	6.2	5.6	5.5	8.2	7.4	7.6	7.5	6.7	7.8	7.0
2＃40 m	7.4	7.7	7.3	7.8	7.4	7.1	10.1	9.0	8.8	8.4	7.3	8.5	8.1

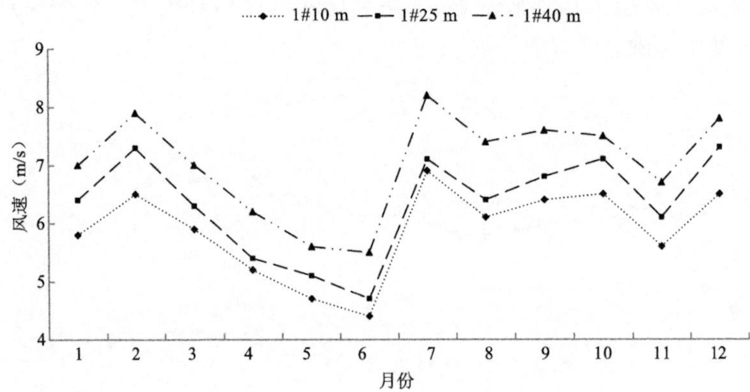

图 5.8　1#点各高度平均风速年变化

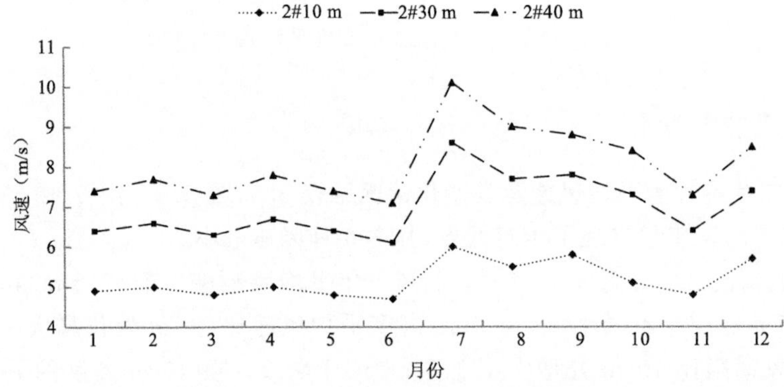

图 5.9　2#点各高度平均风速年变化

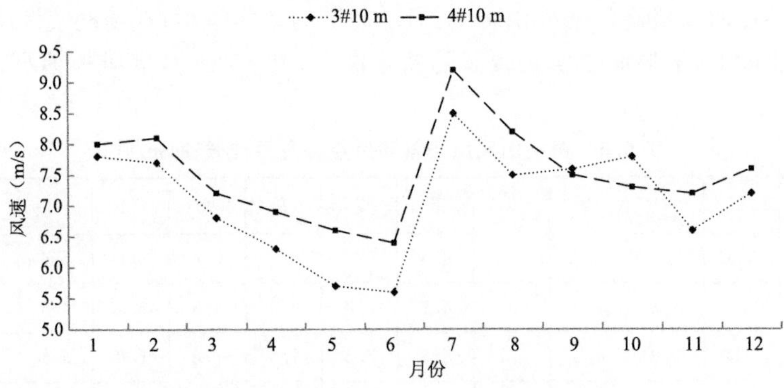

图 5.10　3#和 4#点 10 m 处平均风速年变化

5.6.3　全年各风速等级小时数

将 2005 年(8760 h)逐小时出现相同风速的次数相加，即得到全年各风速等级的小时数。设有效风速为 3～25 m/s，有效风能时数就是指设定时段内有效风速的累积小时数。

经简化，将有效风速分为 3～5 m/s、6～8 m/s、9～11 m/s、12～15 m/s 和>15 m/s 5 个等

级，并对其全年出现的小时数进行统计，由表 5.6 可见，除 1＃点外，各测点各高度的年有效风时均超过了 8000 h，最少的 1＃10 m 年有效风时也达 7436 h。

表 5.6　各风速等级小时数及全年有效风速时数(h)

测点及高度	3～5 m/s	6～8 m/s	9～11 m/s	12～15 m/s	≥15 m/s	年有效风时
1＃10 m	2979	2626	1413	349	69	7436
2＃10 m	5026	2785	387	63	39	8300
3＃10 m	2539	2588	1984	738	208	8057
4＃10 m	2268	2608	1998	920	306	8100
1＃25 m	2939	2613	1481	558	142	7733
2＃30 m	2568	3112	1763	535	188	8166
1＃40 m	2579	2493	1767	795	282	7916
2＃40 m	2063	2639	2032	981	488	8203

5.6.4　有效风能时数的年变化

有效风能时数能总体反映一地风力发电机的发电时长。

从图 5.11 可以看出，1＃点各高度有效风能时数年变化较小，各月中仅 6 月相对较少，年内各月可发电小时数基本稳定在 600 h 以上。

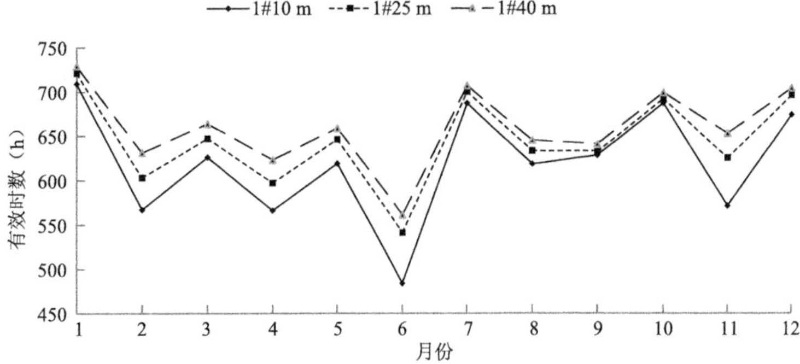

图 5.11　1＃点各高度有效风能时数年变化

从图 5.12 可以看出，2＃点 30 m 和 40 m 处各月有效风能时数相差都不到 100 h，月际变

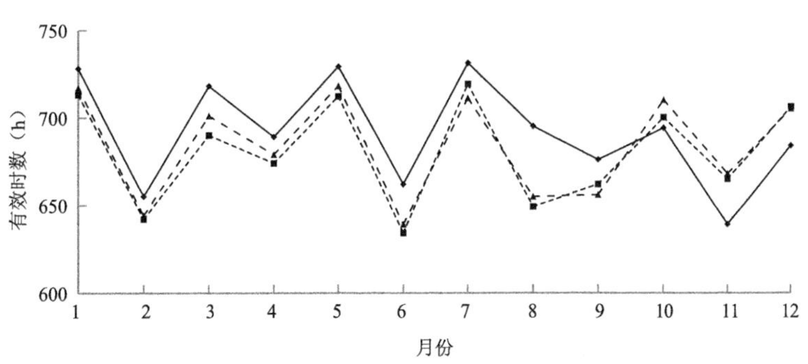

图 5.12　2＃点各高度有效风能时数月际变化

化也极为相似。但 10 m 处在 10 月份出现了转折，即 1—9 月有效风能时数高于 30 m 和 40 m 处，而 10—12 月有效风能时数低于 30 m 和 40 m 处，这可能与测点所在位置及风向的季节性变化有关。

从图 5.13 可以看出，3＃和 4＃点 10 m 高度有效风能时数的月际变化总体相似，但也有部分时段出现反差。1—7 月和 11 月 4＃点有效风能时数较多，而 8—10 月则是 3＃点有效风能时数偏多。

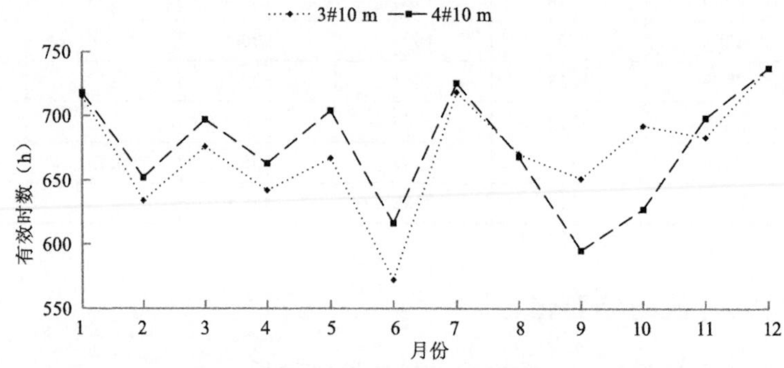

图 5.13　3＃和 4＃点 10 m 高度有效风能时数月际变化

5.6.5　各级风速频率

有效风速出现频率是有效风速在全年中占比的一种直观表达。

经统计，风速在 3～25 m/s 有效风速的出现频率见表 5.7，可见工程区域各高度基本上以有效风速为主，10 m 高度 1＃点为 84.9％，2＃点为 94.6％，3＃点为 92.0％，4＃点为 92.8％，以 2＃点最大，其次为 4＃点，1＃点最小。1＃测风点 25 m 高度有效风速的出现频率为 88.2％。2＃测风点 30 m 高度有效风速的出现频率为 93.4％。

1＃、2＃测风点 40 m 高度的有效风速出现频率分别达 90.3％、93.6％。

表 5.7　各风速等级及年有效风速出现频率(％)

测点及高度	3～5 m/s	6～8 m/s	9～11 m/s	12～15 m/s	≥15 m/s	年有效风速比
1＃10 m	33.9	30.0	16.1	4.0	0.9	84.9
2＃10 m	57.3	31.8	4.4	0.7	0.4	94.7
3＃10 m	29.0	29.5	22.7	8.4	2.4	92.0
4＃10 m	25.9	29.8	22.9	10.6	3.6	92.5
1＃25 m	33.5	29.9	16.9	6.3	1.6	88.3
2＃30 m	29.3	35.6	20.1	6.2	2.2	93.2
1＃40 m	29.5	28.5	20.2	9.0	3.1	90.4
2＃40 m	23.6	30.1	23.2	11.2	5.5	93.6

图 5.14 为 1＃点各高度全年风速等级频率图。由图可见，风速超过 4 m/s 后各高度风速等级频率分布特征极为相似，随着测风仪高度的增加，大风出现频率也明显增多。

图 5.15 为 2＃点各高度全年风速等级频率图。与 1＃点相比，各高度各风速等级频率的

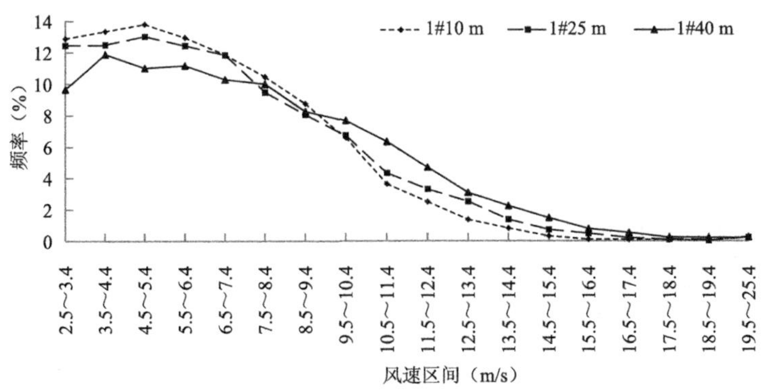

图 5.14　1♯点各高度全年各风速等级频率

分布特征差异较大。由于 10 m 处 3～6 m/s 风速等级频率之和高达 73.7%，小风明显偏多、大风明显偏少，因此，其分布曲线出现了陡升和陡降。随着测风仪高度的增加，大风出现频率也明显增多，30 m 和 40 m 处各风速等级频率分布特征极为相似，但有一处明显的转折点。在风速小于 9 m/s 时 30 m 高度风速频率较大，风速超过 9 m/s 后则是 40 m 高度的风速频率较大。

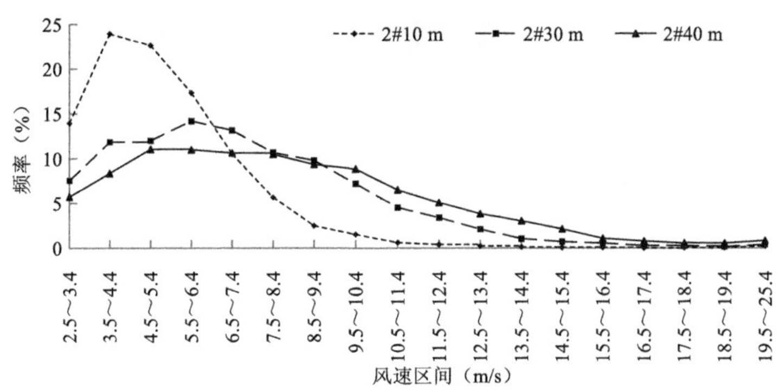

图 5.15　2♯点各高度全年各风速等级频率

图 5.16 是 3♯、4♯点 10 m 高度全年风速等级频率图，各风速等级频率的分布特征差异较小，其中，风速在 4～9 m/s 的出现频率较高，均在 10%以上。

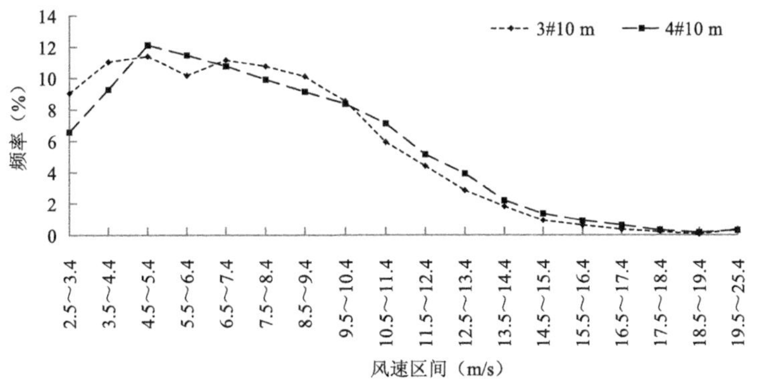

图 5.16　3♯和 4♯点 10 m 处全年各风速等级频率

5.7 风向

5.7.1 风向特征

1#点 40 m 高度风向资料较完整、可靠，本专题风向分析均采用该资料。

风向的变化主要取决于大气环流及当地下垫面性质的影响，沿海地区还受到海陆环流的影响。图 5.17 是檀头山全年风向频率玫瑰图，其最多、次多风向分别为 N、NNE，两频率合计达 37%。

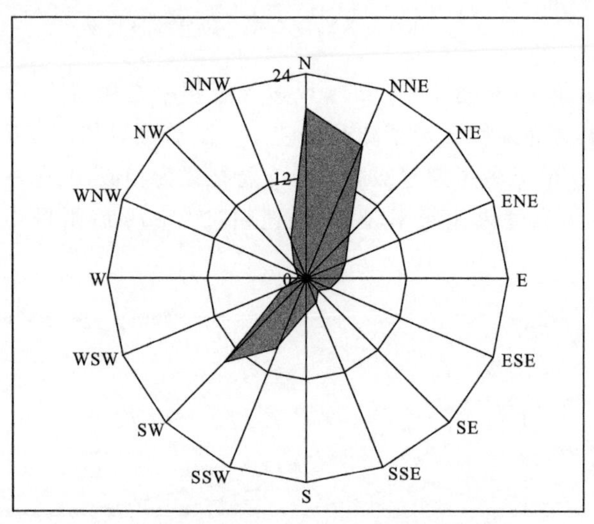

图 5.17 檀头山 2005 年风向频率玫瑰图

5.7.2 各风速等级小时数风向玫瑰图

从全年各风速等级小时数风向玫瑰图(图 5.18)可以看出，檀头山主导风向明显，较有利于风机的布设和后期的稳定运营。

5.8 主要风能参数

采用公式(5.2)、公式(5.3)，分别对 2005 年风速范围在 3～25 m/s 的有效风速的风功率密度进行统计，得到平均风功率密度和有效风功率密度。

由于平均风功率密度、有效风功率密度、有效风能都是风速 3 次方的函数，因此，其值的大小主要取决于风速的大小。从表 5.8 可以看出，1#～4#测风点 10 m 高度有效风功率密度在 145.6～477.2 W/m^2，以 4#点最大，其次为 3#点，2#点最小。1#、2#测风点 40 m 高度有效风功率密度分别为 440.6 W/m^2、571.3 W/m^2，2#点大于 1#点。1#测风点 25 m 高度有效风功率密度为 339.8 W/m^2；2#测风点 30 m 高度有效风功率密度为 372.1 W/m^2。各测点各高度平均风功率密度的统计结果与此类似。

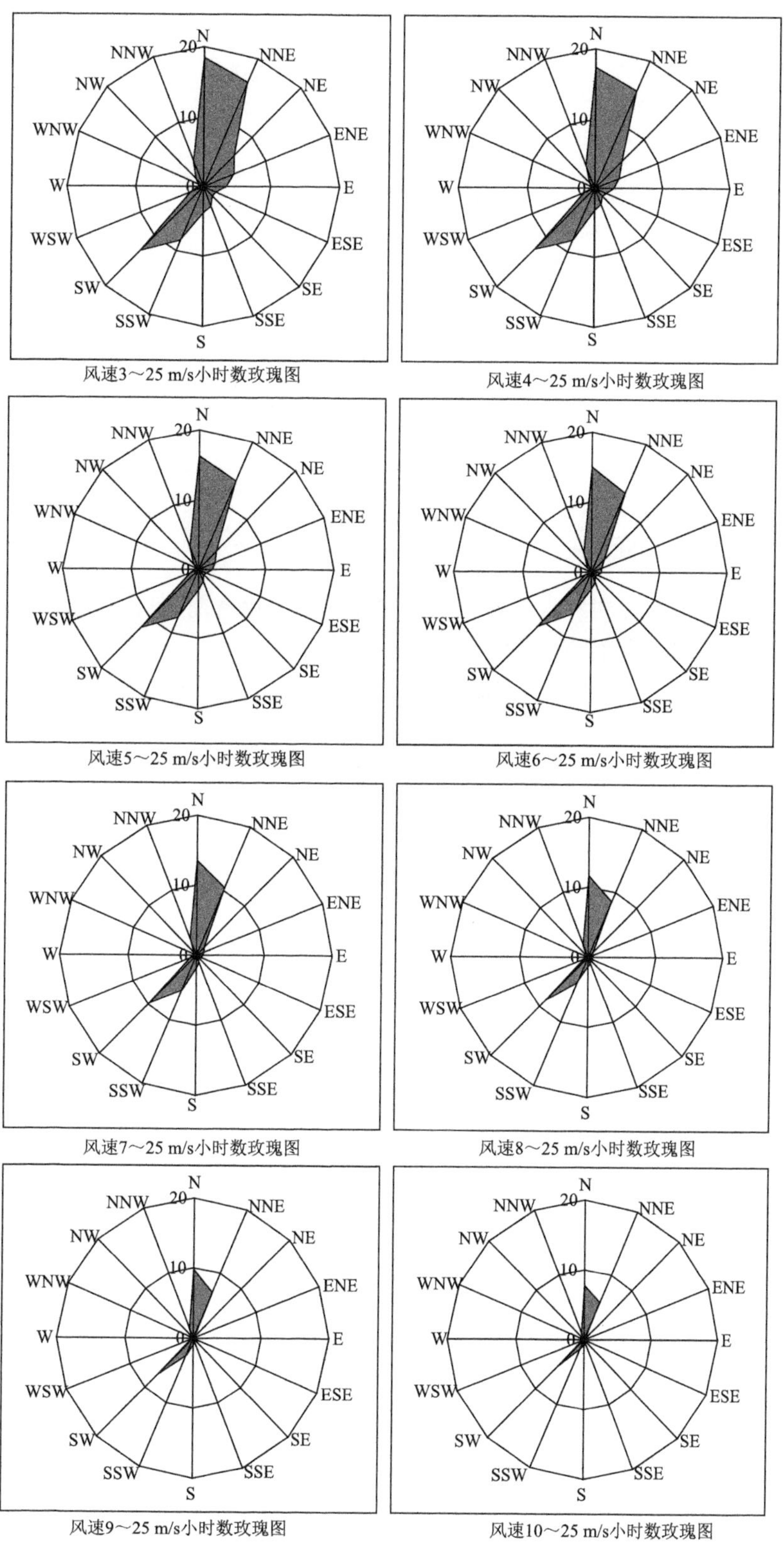

图 5.18　1#点 40 m 高度全年各风速等级小时数风向玫瑰图

表 5.8 檀头山风电场年风能参数

测点编号	海拔(m)	测风高度(m)	平均风功率密度(W/m²)	有效风功率密度(W/m²)	有效风能((kW·h)/m²)	平均风速(m/s)
1#	120	10	263.7	289.6	2153.6	5.9
		25	325.1	339.8	2627.6	6.3
		40	433.4	440.6	3487.4	7.0
2#	183	10	138.5	145.6	1208.1	5.2
		30	445.7	372.1	3038.9	7.0
		40	740.7	571.3	4686.7	8.1
3#	168	10	407.8	419.5	3379.8	7.1
4#	185	10	511.0	477.2	3864.9	7.5

5.8.1 风功率密度日变化

图 5.19—图 5.21 为各测风点有效风功率密度的日变化情况，可以看出，各测风点各高度有效风功率密度的日变化总体较平稳。

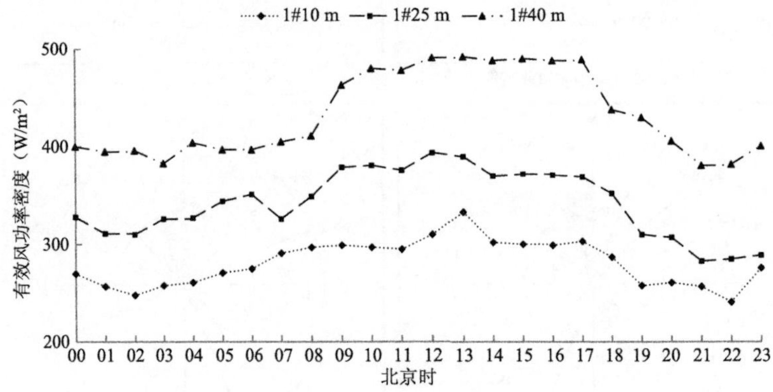

图 5.19 1#点各高度有效风功率密度日变化

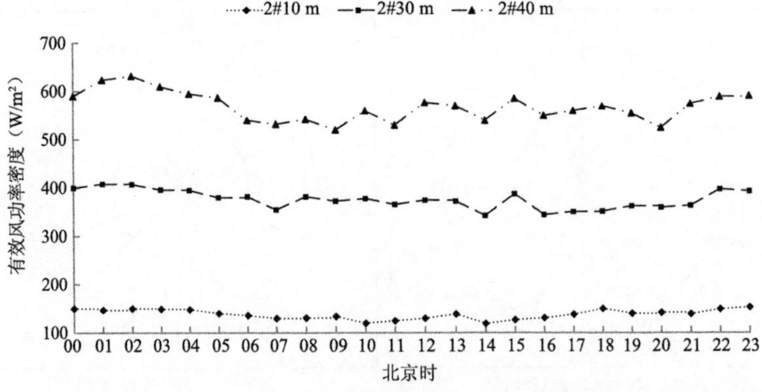

图 5.20 2#点各高度有效风功率密度日变化

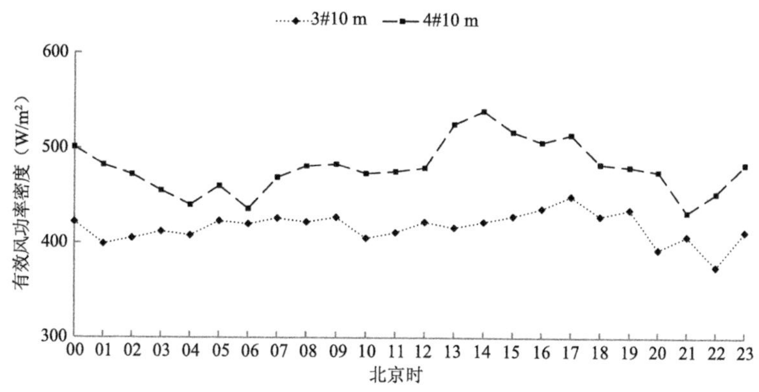

图 5.21　3＃和 4＃点 10 m 处有效风功率密度日变化

部分测风仪也有一些不同的特点，如 1＃40 m 风功率密度可分为两段，即 09:00—18:00 的风功率密度大于其他时段。4＃10 m 的日变化相对较大且无明显规律。

5.8.2　风功率密度年变化

分析各测风点不同高度各月的有效风功率密度可以看出(图 5.22—图 5.24)，有效风功率密度的年变化与平均风速大致相似，7 月最大，下半年大于上半年。

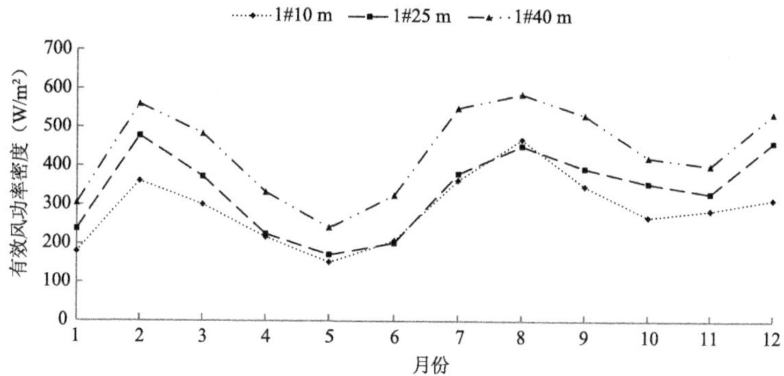

图 5.22　1＃点各高度有效风功率密度年变化

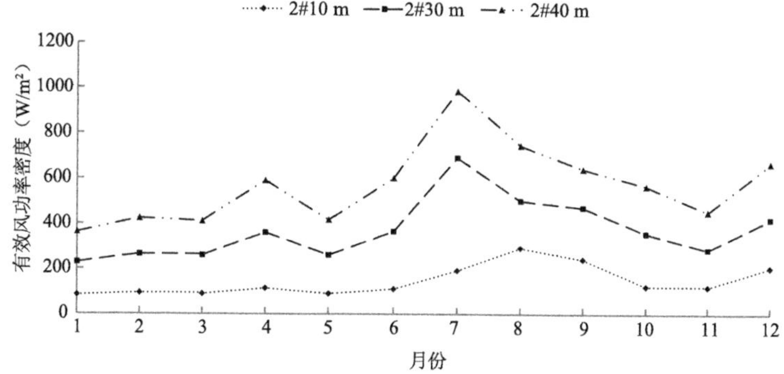

图 5.23　2＃点各高度有效风功率密度年变化

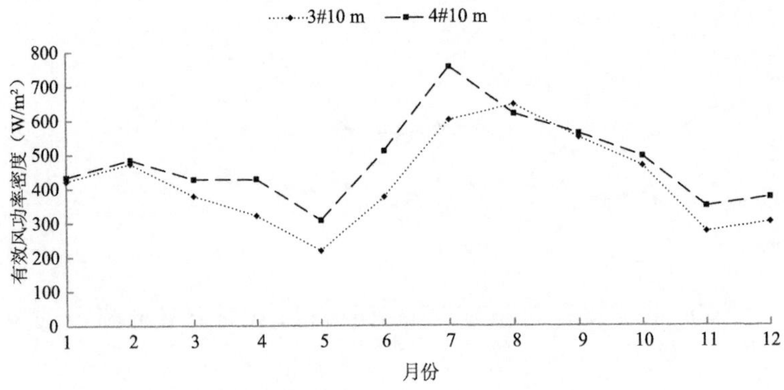

图 5.24　3＃和 4＃点 10 m 处有效风功率密度年变化

5.8.3　有效风能

有效风能即 3～25 m/s 风速区间的风能量。

有效风能各高度分布：从表 5.8 可看出，总体上 10 m 高度的年有效风能以 4＃点最大，为 3864.9(kW · h)/m^2，其次 3＃点 3379.8(kW · h)/m^2，2＃点最少 1208.1(kW · h)/m^2；1＃点 25 m 高度年有效风能为 2627.6(kW · h)/m^2；2＃点 30 m 高度年有效风能为 3038.9 (kW · h)/m^2；40 m 高度年有效风能 2＃点为 4686.7(kW · h)/m^2，1＃点 3487.4(kW · h)/m^2。

各风向有效风能分布：以 1＃测风点为代表(图 5.25)，分析其各高度全年各风向风能密度和有效风能密度，可以清晰地看到，不同高度有效风能最大的风向都以偏北风为主，其次为东北偏北风(NNE)。

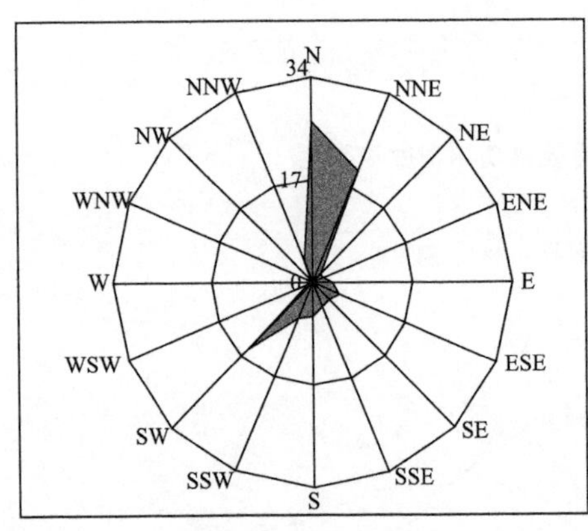

10 m高度平均风能密度

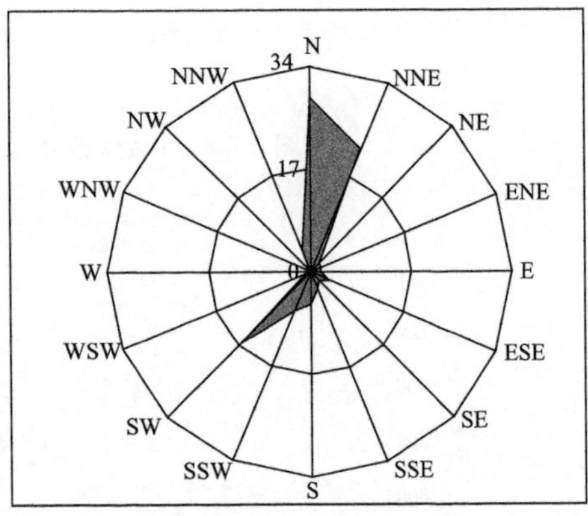

10 m高度有效风能密度

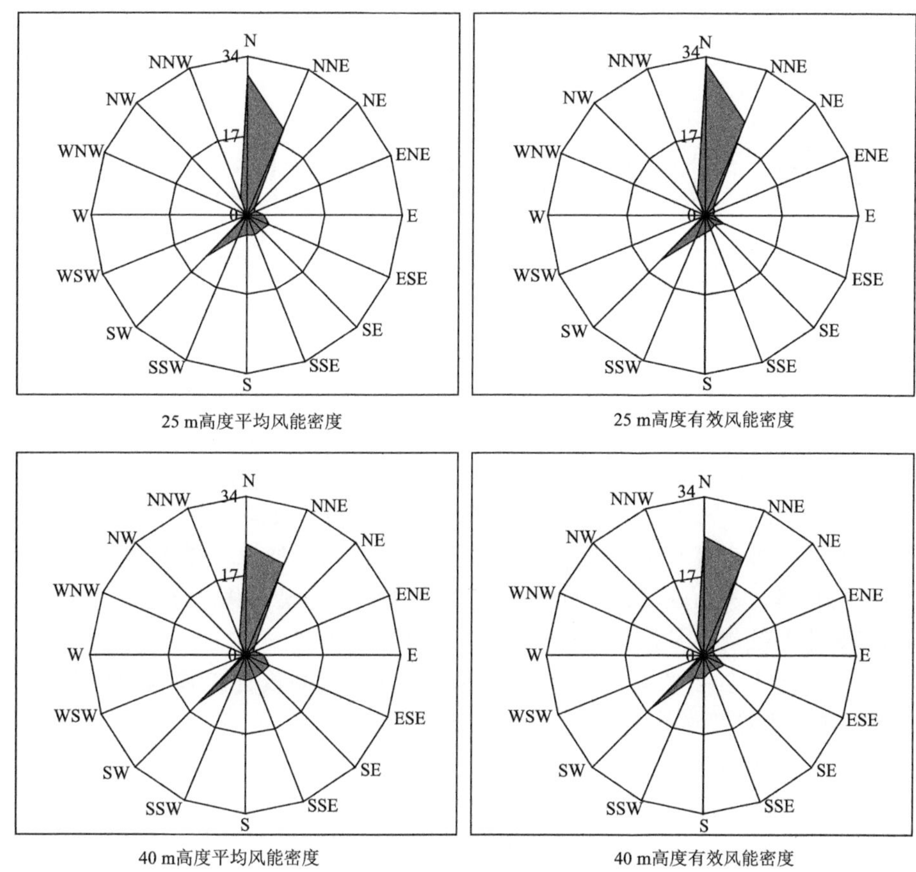

图 5.25　1#点全年各高度各风向平均风能密度和有效风能密度玫瑰图

第6章　宁波三江片暴雨强度公式修订

6.1　概况

建筑密度大、不透水路面多、城市不断扩容、区域极端暴雨事件频发，导致城市经常出现排水不畅甚至内涝；经济社会发展、居住条件改善、生活景观提升、旧城改造扩建、背街小巷整治、防洪减灾规划等，对城市综合承灾能力和城市排水系统提出了更高的要求。根据《室外排水设计规范》规定，在进行城市排水工程规划设计时，排水管网的规划设计排水量应通过当地的暴雨强度公式进行计算。暴雨强度公式作为城市雨水排水系统规划和设计的基本依据之一，直接关系到城市排水系统规划及设计建设的合理、高效和经济性。

宁波市现行暴雨强度公式有效指导了城市雨水排水规划设计工作，在城市雨水灾害防治管理、预警、应急处置及城市建设等方面起到了重要作用。但近年来随着三江片(海曙区、江东区和江北区)城镇化进程不断加快，在气候变暖和城市化快速发展背景下，区域短历时强降水的强度和分布特征均发生了显著变化，极端降水事件的强度增强，如 2013 年 10 月 7—8 日，受第 23 号台风“菲特”影响，全市出现大暴雨、局部特大暴雨，过程平均面雨量达 357 mm，有 36 个站≥500 mm。这场暴雨范围广、强度强，历史罕见，洪涝积水造成大部分路段交通瘫痪，经济损失巨大，也说明现行暴雨强度公式在准确性、适用性等方面出现了不足。

为落实《国务院办公厅关于做好城市排水防涝设施建设工作的通知》(国办发〔2013〕23 号)精神，提高城市排水规划及工程设计的科学性，根据住房城乡建设部、中国气象局《关于做好暴雨强度公式修订有关工作的通知》(城建〔2014〕66 号)要求，利用最新的雨量记录资料对现有暴雨强度公式进行修订或新编已显得尤为迫切。

鄞州国家基本气象站(以下简称鄞州站)是离宁波三江片最近的代表性气象观测站点。本章选用该站 1981—2014 年历年 11 个历时最大降水资料开展三江片暴雨强度公式的修订。

6.2　样本选取

暴雨样本资料的选样方法有年最大值法、年超大值法、年超定量法与年多个样法等。国家标准《室外排水设计规范》(GB 50014—2006，2014 年版)推荐，在具有 20 a 以上自记雨量记录的地区，可采用“年最大值法”进行暴雨强度公式的推算和编制。该方法是从每年各历时暴雨资料中选用最大的一组雨量，在 N 年资料中选用 N 组最大值。该资料不论大雨年或小雨年都有一组资料被选入，其概率为严密的一年一遇的发生值。按极值理论，当资料年份很长时，它近似于全部资料选样的计算值，选出的资料独立性强，资料的收集也较容易，对于推算高重现期的暴雨强度，它的优点较多，在水利建设中应用广泛。

采用年最大值法，根据中国气象局颁发的《地面气象观测规范》和《全国地面气候资料统计方法》，按照“不漏场次、不漏大值”的原则，选取时段为 5 min、10 min、15 min、20 min、30 min、45 min、60 min、90 min、120 min、150 min、180 min 共 11 个时段的年最大降水量，建立鄞州站 1981—2014 年各历时年最大降水统计样本。

选取原则如下。

(1)从全年的降水自记纸或每分钟降水量数据文件中，挑取本年内 11 个时段最大降水量；

(2)各时段年最大降水量及相应开始时间，只有当 1440 min 降水量≥10.0 mm 时才挑取；

(3)各时段最大降水量从年内各月降水量自记纸或每分钟降水量数据中滑动挑取，且不受日、月界的限制(但不跨年挑取)；

(4)各时段年最大降水量出现两次或以上相同值时，开始时间栏记出现次数；

(5)雨量大而降雨历时不足时，按零雨量外延至降雨历时。

6.3 暴雨强度公式选型

依据《室外排水设计规范》，暴雨强度公式定义如下。

$$q=\frac{167A_1\times(1+c\lg P)}{(t+b)^n} \tag{6.1}$$

式中，q 为暴雨强度($\mathrm{L/(s\cdot hm^2)}$)；P 为重现期(a)，取值范围为 0.25～100 a；t 为降雨历时(min)，取值范围为 1～180 min。重现期越长、历时越短，暴雨强度就越大，而 A_1、b、c、n 是与地方暴雨特性有关且需求解的参数：A_1 为雨力参数，即重现期为 1 年时的 1 min 设计降雨量(mm)；c 为雨力变动参数；b 为降雨历时修正参数(min)，即对暴雨强度公式两边求对数后能使曲线化成直线所加的一个时间参数；n 为暴雨衰减指数，与重现期有关。

重现期为 2 a、3 a、5 a、10 a、20 a、30 a、50 a、100 a 8 个期限，相对应的频率为：50%、33.3%、20%、10%、5%、3.3%、2%、1%。

室外排水设计采用的雨水参数以体积(容量)来表达，需将以毫米(mm)为单位的降水强度(mm/min)，转换为以升(L)为单位的降水体积(容量)。单位时间、单位面积 1 mm 降水量转换为容量(L)时，暴雨强度 q 与降水强度 i 之间可以用 $q=167i$ 进行换算。

6.4 $P-i-t$ 关系表的建立

暴雨强度公式的精度取决于暴雨资料的可靠性和公式中参数的合理性。在暴雨资料已定的情况下，参数的合理性取决于暴雨强度公式对实测原始数据的拟合程度。本专题采用国家标准《室外排水设计规范》推荐的皮尔逊Ⅲ型分布、耿贝尔极值Ⅰ型分布和指数分布曲线进行拟合调整，得出 1981—2014 年重现期、降雨强度和降雨历时三者的关系，作为编制城市暴雨强度公式的直接数据，即 $P-i-t$ 的关系值(表略)。

6.5 暴雨强度公式拟合

6.5.1 单一重现期暴雨强度公式拟合

从公式(6.1)可以看出,暴雨强度公式为已知关系式的超定非线性方程,公式中有 4 个参数,显然常规方法无法求解,因此参数估计方法设计和减少估算误差尤为关键。首先对公式(6.1)进行线性化处理。

令 $A=A_1(1+c\lg P)$,那么公式(6.1)即变为

$$q=\frac{167A}{(t+b)^n} \tag{6.2}$$

公式(6.2)即为单一重现期公式,通过公式(6.2)分别把 2 a、3 a、5 a、10 a、20 a、30 a、50 a 和 100 a 一遇 8 个重现期的单一暴雨强度公式推求出来。首先推算这 8 个重现期暴雨强度公式的需求参数 A、b、n。用常规方法无法求解暴雨强度公式(6.2),将公式(6.2)两边取对数得:

$$\ln q=\ln 167A-n\ln(t+b) \tag{6.3}$$

令 $y=\ln q, b_0=\ln 167A, b_1=-n, x=\ln(t+b)$,那么公式(6.3)就变为

$$y=b_0+b_1x \tag{6.4}$$

公式(6.4)应用数值逼近和最小二乘法,可求出 b_0、b_1,则 A、n 可求。但在具体计算时,由于 b 也是未知数,因此还无法应用最小二乘法求解方程。这时将 b 值在(0,50)范围内取值,步长为 0.001,应用最小二乘法求得 A、n 值。

将此 A、n、b 代入公式(6.2),计算出给定 b 值的暴雨强度(q''),同时算出理论降水强度(q')与给定 b 值的暴雨强度(q'')的平均绝对方差 σ,采用数值逼近法选取 σ 最小的一组 A、b、n 即为所求。这样,可将三种分布曲线拟合的单一重现期暴雨强度公式逐个推算出来,具体见表 6.1—表 6.3。

表 6.1 宁波三江片皮尔逊Ⅲ型分布曲线拟合单一重现期暴雨强度计算公式

重现期 P(a)	公式
$P=2$	$8990.946/(t+21.771)^{0.983}$
$P=3$	$10219.732/(t+23.660)^{0.976}$
$P=5$	$11688.664/(t+25.728)^{0.968}$
$P=10$	$13784.514/(t+28.531)^{0.967}$
$P=20$	$16391.718/(t+31.932)^{0.968}$
$P=30$	$17642.548/(t+33.112)^{0.969}$
$P=40$	$18473.373/(t+33.845)^{0.969}$
$P=50$	$19096.45/(t+34.377)^{0.970}$
$P=60$	$19595.112/(t+34.796)^{0.970}$
$P=70$	$20010.942/(t+35.141)^{0.970}$
$P=80$	$20367.487/(t+35.435)^{0.970}$
$P=90$	$20679.61/(t+35.690)^{0.970}$
$P=100$	$20957.331/(t+35.916)^{0.971}$

表 6.2　宁波三江片耿贝尔分布曲线拟合单一重现期暴雨强度计算公式

重现期 P(a)	公式
$P=2$	$8989.276/(t+21.835)^{0.984}$
$P=3$	$10362.016/(t+23.916)^{0.976}$
$P=5$	$12003.125/(t+26.234)^{0.966}$
$P=10$	$14461.031/(t+29.475)^{0.969}$
$P=20$	$19535.326/(t+33.993)^{0.994}$
$P=30$	$22493.731/(t+35.905)^{1.003}$
$P=40$	$24589.915/(t+37.136)^{1.009}$
$P=50$	$26214.825/(t+38.045)^{1.013}$
$P=60$	$27541.807/(t+38.767)^{1.016}$
$P=70$	$28663.546/(t+39.366)^{1.019}$
$P=80$	$29634.818/(t+39.877)^{1.021}$
$P=90$	$30491.528/(t+40.323)^{1.023}$
$P=100$	$31257.724/(t+40.719)^{1.025}$

表 6.3　宁波三江片指数分布曲线拟合单一重现期暴雨强度计算公式

重现期 P(a)	公式
$P=2$	$8733.265/(t+21.398)^{0.990}$
$P=3$	$10173.807/(t+23.619)^{0.981}$
$P=5$	$11936.659/(t+26.092)^{0.969}$
$P=10$	$14329.602/(t+29.578)^{0.970}$
$P=20$	$21870.487/(t+36.305)^{1.002}$
$P=30$	$26266.929/(t+38.640)^{1.015}$
$P=40$	$29382.147/(t+40.089)^{1.024}$
$P=50$	$31796.967/(t+41.143)^{1.030}$
$P=60$	$33768.903/(t+41.971)^{1.034}$
$P=70$	$35435.73/(t+42.654)^{1.038}$
$P=80$	$36879.278/(t+43.234)^{1.042}$
$P=90$	$38152.486/(t+43.739)^{1.045}$
$P=100$	$39291.092/(t+44.186)^{1.047}$

6.5.2　区间参数公式拟合

由于上面求得的是单一重现期的暴雨强度公式，而两个单一重现期之间的暴雨强度还是无法求得。例如，已求得重现期为 10 a、20 a 的暴雨强度，但重现期为 15 a 的暴雨强度仍无法计算，为此引入重现期区间参数公式以解决这个问题。

经反复推算和筛选，应用公式(6.4)作为区间参数公式来求算区间参数值效果最佳，公式(6.5)中，y 为 A、b、n 参数中的任一个，P 为重现期，C 为常数。

$$y=b_1+b_2\ln(P+C) \tag{6.5}$$

首先把 1～100 a 分为(Ⅱ)1～10 a 和(Ⅲ)10～100 a 两个区间，将 A、b、n 代入公式(6.5)中得：

$$A=A_1+A_2\ln(P+C_A) \tag{6.6}$$

$$b=b_1+b_2\ln(P+C_b) \tag{6.7}$$

$$n=n_1+n_2\ln(P+C_n) \tag{6.8}$$

上面公式中，A、b、n 和 P 是已知数，A_1、A_2、C_A、b_1、b_2、C_b 及 n_1、n_2、C_n 都是未知数。根据前述单一重现期暴雨强度公式拟合求取 A、b、n 值的方法，同理，将常数 C 分别在(−1,0)区间和(−10,0)区间取值，应用最小二乘法分别求得 A_1、A_2、b_1、b_2 和 n_1、n_2，采用数值逼近法直至平均绝对方差为最小，这时的一组参数值即为未知数 A_1、A_2、C_A、b_1、b_2、C_b 和 n_1、n_2、C_n，从而可算得Ⅱ、Ⅲ两个区间的 A、b、n 值，将它们代入公式(6.2)，可得 1～100 a 的任意一个重现期暴雨强度公式，从而可计算出三种分布曲线拟合的任意重现期暴雨强度，见表 6.4—表 6.6。

表 6.4 宁波三江片皮尔逊Ⅲ型分布曲线拟合任意重现期暴雨强度参数计算公式

重现期 P(a)	区间	参数	公式
1～10	Ⅱ	n	$0.985-0.012\ln(P-0.836)$
		b	$20.921+3.299\ln(P-0.706)$
		A	$45.558+15.815\ln(P-0.312)$
10～100	Ⅲ	n	$0.966+0.001\ln(P-7.842)$
		b	$27.018+1.967\ln(P-7.842)$
		A	$57.005+15.023\ln(P-4.527)$

表 6.5 宁波三江片耿贝尔分布曲线拟合任意重现期暴雨强度参数计算公式

重现期 P(a)	区间	参数	公式
1～10	Ⅱ	n	$0.994-0.018\ln(P-0.247)$
		b	$20.674+3.776\ln(P-0.640)$
		A	$44.579+17.667\ln(P-0.312)$
10～100	Ⅲ	n	$0.957+0.015\ln(P-7.842)$
		b	$24.774+3.511\ln(P-6.185)$
		A	$-13.097+43.498\ln(P-0.107)$

表 6.6 宁波三江片指数分布曲线拟合任意重现期暴雨强度参数计算公式

重现期 P(a)	区间	参数	公式
1～10	Ⅱ	n	$1.005-0.023\ln(P-0.116)$
		b	$20.159+4.029\ln(P-0.640)$
		A	$40.531+19.681\ln(P-0.182)$
10～100	Ⅲ	n	$0.943+0.023\ln(P-6.737)$
		b	$26.585+3.891\ln(P-7.842)$
		A	$-62.342+64.642\ln(P-0.107)$

6.5.3　暴雨强度总公式的拟合

根据公式(6.1)

$$q=\frac{167A_1\times(1+c\lg P)}{(t+b)^n},$$

将其两边取对数得

$$\ln q=\ln 167A_1+\ln(1+c\lg P)-n\ln(t+b) \tag{6.9}$$

令 $y=\ln q, b_0=\ln 167A_1, x_1=\ln(1+c\lg P), b_2=-n, x_2=\ln(t+b)$，即得 $y=b_0+x_1+b_2x_2$。已知 q、P、t 值，应用数值逼近法和最小二乘法解此二元线性回归方程，可求得 b_0、b_2，从而可求得 A_1、n，推算出三种分布曲线拟合的暴雨强度总公式(表 6.7)。

表 6.7　宁波三江片暴雨强度总公式(资料年代:1981—2014 年)

曲线拟合方法	总公式
皮尔逊Ⅲ型分布	$q=\frac{7214.92\times(1+0.568\lg P)}{(t+25.47)^{0.932}}$
耿贝尔分布	$q=\frac{6576.744\times(1+0.685\lg P)}{(t+25.309)^{0.921}}$
指数分布	$q=\frac{5856.538\times(1+0.802\lg P)}{(t+24.796)^{0.915}}$

6.5.4　精度检验

为确保计算结果的准确性，需对暴雨强度公式计算结果进行精度检验。按照《室外排水设计规范》的规定，要求重现期 2～20 a 暴雨强度的平均绝对均方根误差不宜大于 0.05 mm/min，平均相对均方根误差不宜大于 5%。

$$\text{平均绝对均方根误差}:X_m=\sqrt{\frac{\sum\left(\frac{R'-R}{t}\right)^2}{N}} \tag{6.10}$$

$$\text{平均相对均方根误差}:U_m=\sqrt{\frac{\sum\left(\frac{R'-R}{R}\right)^2}{N}}\times 100\% \tag{6.11}$$

公式(6.10)和公式(6.11)中，R' 为理论降水量，R 为实际降水量，t 为降水历时，N 为样本数。

由表 6.8 可见，利用皮尔逊Ⅲ型、耿贝尔分布和指数分布三种拟合曲线得到的暴雨强度总公式，只有耿贝尔分布的平均绝对均方差和平均相对均方差计算结果能通过精度检验，其余两种拟合曲线的计算结果均未通过精度检验，因此选择耿贝尔分布曲线拟合得到暴雨强度总公式。

表 6.8　宁波三江片暴雨强度总公式误差结果

曲线拟合方法	平均绝对均方差(mm/min)	平均相对均方差(%)
皮尔逊Ⅲ型	0.051	5.52
耿贝尔分布	0.050	4.82
指数分布	0.071	5.87

从各方法计算结果的单一重现期暴雨强度分公式误差分析来看(表 6.9),皮尔逊Ⅲ型、耿贝尔分布和指数分布曲线拟合得到的暴雨强度分公式均能通过精度检验。

表 6.9　宁波三江片单一重现期暴雨强度分公式误差结果

曲线拟合方法	平均绝对均方差(mm/min)	平均相对均方差(%)
皮尔逊Ⅲ型	0.020	1.65
耿贝尔分布	0.026	2.10
指数分布	0.039	2.94

从表 6.8 和表 6.9 中可以看出,单一重现期公式精度高于暴雨强度总公式,更接近拟合实测值,然而单一重现期公式数量太多,应用起来多有不便,且暴雨强度总公式精度也基本能满足要求。因此,一般情况下可采用暴雨强度总公式,特殊情况下,例如城市大型或重要的雨水泵站、排水泵站设计中可考虑采用单一重现期公式。

第 7 章　宁波强降水重现期分析

7.1　概况

利用气象站长年代资料分析当地降水变化特征、暴雨发生频率，计算其强降水概率分布和重现期，可为新建工程设计、城市安全运营、水资源开发利用等提供重要参考依据。

宁波属北亚热带湿润型季风气候，雨量丰沛，主要雨季有 3—6 月的春雨连梅雨和 8—9 月的台风雨和秋雨，主汛期 5—9 月降水量占全年的 60%，年内不少暴雨过程强度大，历时短，一些高强度暴雨常集中在几小时内。

鄞州站建于 1953 年，是国家基本气象站。目前，国家气象站降水量的数据记录有两种方式：(1)虹吸式雨量计观测资料，即以自记纸形式记录的分钟降水资料；(2)双阀容栅式雨量传感器（双翻斗式雨量计）观测资料，即自动气象站自动记录的分钟降水资料。

依据中国气象局颁发的《地面气象观测规范》和《全国地面气候资料统计方法》，挑选出逐年各月及年最大日降水量，建立鄞州站 1953—2014 年 6—10 月逐月及年最大值统计样本。通过分析鄞州站长年代完整降水序列，选用皮尔逊Ⅲ型极值分布模式，可绘制出 6—10 月逐月日降水量概率分布曲线，推算得到 5 a、10 a、20 a、50 a、100 a 一遇日降水量理论值。

7.2　日降水量重现期分析

7.2.1　频率与重现期

暴雨发生的次数或大小是以频率或重现期表示。年重现期是指暴雨多少年发生一次，年频率指暴雨年发生的概率，它们均为平均每年只能选一个样本的情况。计算公式如下。

$$P=\frac{m}{N} \tag{7.1}$$

$$T=\frac{1}{P}=\frac{N}{m} \tag{7.2}$$

$$P=\frac{m}{N+1} \tag{7.3}$$

$$T=\frac{1}{P}=\frac{N+1}{m} \tag{7.4}$$

式中，N 为暴雨的记录年数；m 为暴雨记录按大小递减的排列次序；P 为频率，为$\geqslant m$ 序列的暴雨在任何一年中可能发生的机会；T 为重现期，为$\geqslant m$ 序列的暴雨在此周期内可能降落一次。

公式(7.1)只适用于相当多的资料系列情况，当 $m=N$ 时，出现 $P=1$，意味着未来暴雨不可能出现小于 $m=N$ 的记录，这显然不合理，因此此式一般不用。公式(7.3)是以均值理论为基础的，也称均值公式，在理论上均值要比其他特征值好，它比其他公式更符合实际情况，并能得出较为合理的结果，所以普遍采用。但公式(7.3)只适用于年最大值选样或超大值选样法。

次频率是指一定强度的暴雨在一年内能发生多少次的机会，次重现期是指一定强度的暴雨在一年内可能出现多少次。其计算式如下。

$$P'=\frac{P}{K}=\frac{m}{KN} \tag{7.5}$$

$$T=\frac{1}{P}=\frac{1}{KP'}=\frac{N}{m} \tag{7.6}$$

$$P'=\frac{P}{K}=\frac{1}{K}\cdot\frac{m}{N+1} \tag{7.7}$$

$$T=\frac{1}{P}=\frac{1}{KP'}=\frac{N+1}{m} \tag{7.8}$$

式中，P' 为次频率，K 为每年平均取样个数。

常用的重现期有 5 a、10 a、20 a、50 a、100 a 5 个期限，其对应的频率为 20%、10%、5%、2%、1%。

7.2.2 各重现期分析

按照重现期计算原则，每年挑选一个当地的日最大降水量作为一个样本，采用降水的“国家标准”皮尔逊Ⅲ型分布函数，计算得到宁波市 5 a、10 a、20 a、50 a、100 a 一遇的日降水量理论值，详见表 7.1。

表 7.1 宁波市各重现期日降水量

重现期(a)	5	10	20	50	100
降水量(mm)	128.6	168.1	207.9	260.9	301.1

第 8 章　东钱湖旅游度假区气候舒适度分析

8.1　概况

8.1.1　来源与需求

东钱湖被郭沫若誉为“西子风韵、太湖气魄”。2001 年 8 月，宁波市委市政府作出了加快东钱湖地区开发建设的重大决策，它顺应了宁波中心城市功能东移和东部新城区建设的大趋势，有利于进一步从城市化发展战略构架上推进宁波现代化国际港口城市的功能发育和档次提高。根据东钱湖旅游度假区功能总体规划(图 8.1)，依托宁波现代化国际港口城市的背景，按照“城市之湖、生态之湖、文化之湖、休闲之湖”的要求，对区域内湖泊山岳、山林田地、民俗风情、建筑古迹、历史文化等各种旅游资源进行全面整合和综合开发，使之成为国家重点生态型旅游度假区、华东重要的国际会议中心。

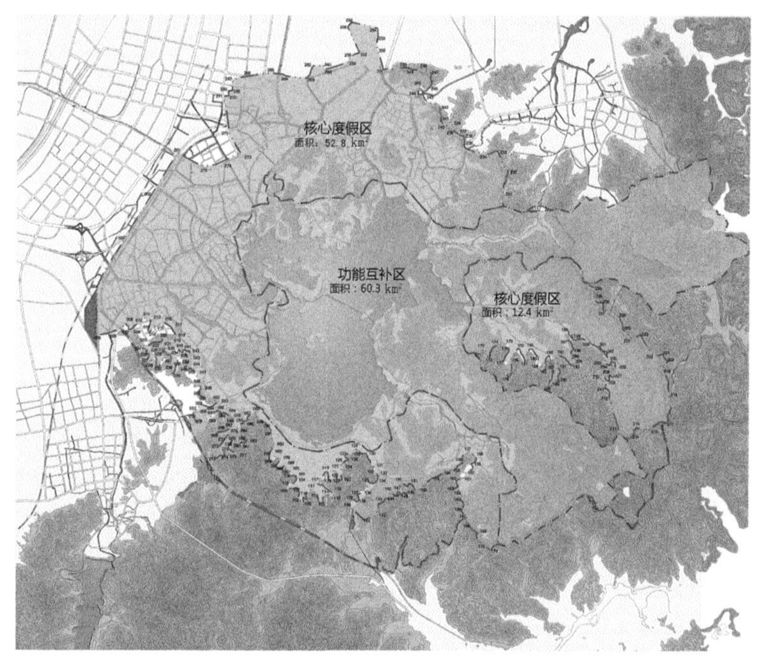

图 8.1　东钱湖旅游度假区功能分布

根据东钱湖创建国家级旅游度假区工作的需要，本专题对国内外现有舒适度分析方法进行了研究，对区域气候、天气旅游舒适度进行了系统的分析，并创造性地采用了逐时资料进行小时天气舒适度的计算。

8.1.2　东钱湖旅游资源

东钱湖是地质时期留下来的海迹湖泊，浙江省最大的内陆天然淡水湖，南北长 8.5 km，东西宽 6.5 km，环湖一周约 45 km，水域面积 20 km^2，平均水深 2.2 m，总蓄水量 3390 万 m^3，为杭州西湖的三倍。

自古以来，东钱湖便是浙东著名风景胜地，历经沧桑，现存文物古迹 11 处，其中国家级重点文保单位 2 处(南宋墓道石刻群、庙沟后石牌坊)，积淀了浓厚的文化底蕴，留下了众多具有较高历史及艺术价值的文化历史遗存，霞屿禅寺和观音洞(补陀洞天)、望湖亭等胜迹距今已有 800 多年历史，其中补陀洞天是建成于南宋的一个佛教石窟，洞天精雕石刻观音坐像和佛龛，显示了古代巧匠的高超手艺。“北有秦陵兵马俑，南有钱湖石刻群”，在中国石刻史上，东钱湖南宋石刻以造型准确、形体动作多样、表情生动而著称。南宋石刻公园以“一门三宰相、四世两封王”的南宋史氏家族的墓道石刻为主要展品，文臣、武将、蹲虎、立马、跪羊等雕刻精细、造型逼真，又分别寓意了“忠、勇、节、义、孝”。福泉山景区是位于东钱湖东南的山地，景区内山峦起伏，山谷纵横，地形多样，万亩 * 茶园连绵不绝，蔚为壮观，最高峰望海峰海拔 566 m。陶公岛景区是钱湖之魂所在，岛内历史文化底蕴深厚，陶公祠、春秋宫、财神殿演绎着范蠡和西施的动人传说，匠心独具的园林小品俯拾皆是，在怀古赏景之余还可以烧烤、游泳、赛龙舟、打沙滩排球等。

东钱湖区域自然资源丰富，植被种类达 300 多种，山地森林覆盖率 92.4%，生态环境优美，湖面开阔，岸线曲折，群山环抱，森林苍郁。

8.1.3　东钱湖地理位置

东钱湖位于宁波市东侧，距市中心 15 km，湖的东南背依青山，湖的西北紧依平原，是闽浙地质的一部分，系远古时期地质运动形成的天然潟湖。

东钱湖区位优势明显，交通便捷，处于经济高速发展、人口稠密、交通网络密集的长江三角洲地区，是浙东旅游网络的中心节点，到达宁波市区和栎社机场分别为 20 min 车程，进入沪杭甬高速公路和同三线高速公路仅需 10 min，在上海两小时交通圈内(图 8.2 和图 8.3)。

8.1.4　气象站网分布

东钱湖旅游度假区是宁波市鄞州区的一部分，该地区无常规气象站，选择距此不到 20 km 的鄞州区气象站作为参证站是合适的，因此，本专题中的区域气候背景分析、旅游障碍性天气、背景区域旅游气候舒适度，主要依据的是鄞州站(国家基本气象站)资料，专题中的东钱湖旅游天气舒适度分析则采用最近的东钱湖中尺度自动气象站资料(图 8.4)。

8.2　旅游气候舒适度评价方法

气候是一个地区发展旅游业的重要因素，人们外出旅游首先要考虑的是旅游目的地的天

---

* 1 亩≈666.67 m^2。

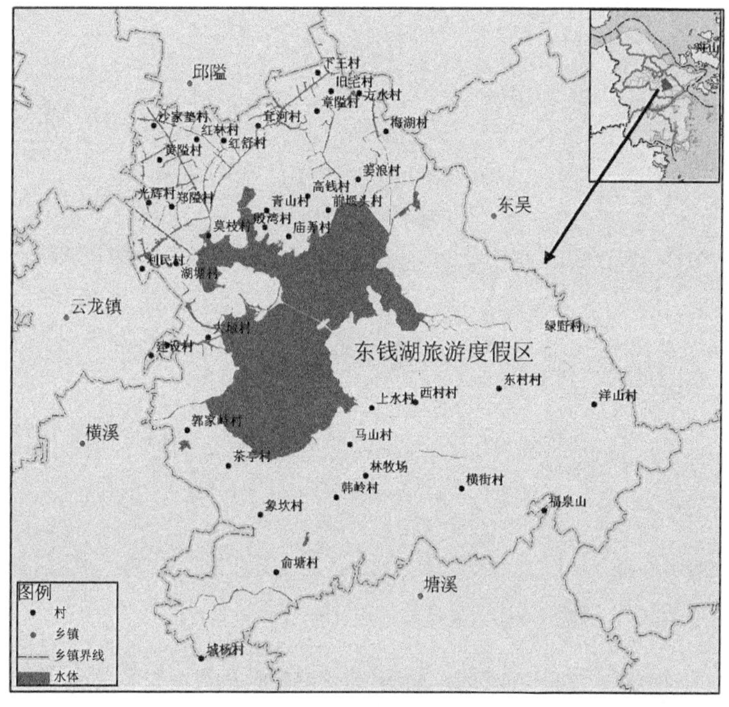

图 8.2　东钱湖地理位置分布

图 8.3　东钱湖及周边地形

气状况和气候特征。人们总是喜欢在“好天气”的条件下观光，总是希望旅游目的地有未曾体验过的气候，在具有新鲜感的气候条件下观光和度假，去充分享受大自然、欣赏大自然、探索大自然、回归大自然。

气候舒适度是人类活动和居住环境的重要影响因素，是为了从气象学角度评价不同天气条件下人体的舒适状态而制定的生物气象指标。舒适是人体的一种感觉状态，是当人体对所

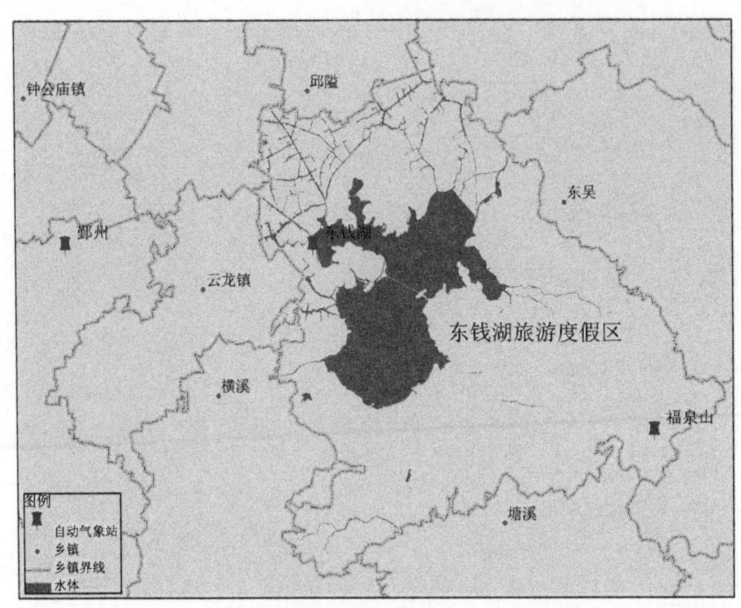

图 8.4　东钱湖及周边气象站位置分布图

处的环境感到刚好适应而无需调节时的一种状态，气候要素的变化一旦超出舒适范围，皮肤的温度、出汗量、热感和人体调节系统就会产生一定的负荷，人们就需要通过消寒避暑等措施来维持生理感觉的舒适。旅游气候舒适度就是人们无需借助任何消寒避暑措施就能保证旅游期间生理活动正常进行的气候条件，选择舒适宜人的季节去旅游，就是选择旅游舒适气候。

影响旅游气候舒适度的因素包括气温、风速、温度、日照时数、昼长等，而最主要的气候因子是空气温度、空气湿度和风速。

气候因子在舒适度评价中的意义如下：

气温：气温对人体舒适感觉影响最大，因为它与人体的热平衡、体温调节、内分泌腺、消化器官等生理功能密切相关，是人体冷热感觉的晴雨表。

湿度：大量实验表明，气温适中时，空气湿度对人体的影响并不显著，但当高温条件下，空气湿度对人体感觉影响就非常大。因为高温条件下，空气湿度的增加，会大大影响汗液蒸发，机体的热平衡遭到破坏，因而使人体感到不舒适。低温条件下，空气湿度大则易给人湿冷的不适感。

风：有风时能使人体的散热加快，而使人体感觉温度下降。当气温低于皮肤温度时，风就会使人感觉寒冷和不适，而当气温高于皮肤温度时风会使人感觉凉爽。

日照时数：日照表征的是太阳照射时间的长短，与人类户外活动、旅游等密切相关，旅游需要一定的光照时间，同时也要避免强烈阳光的直射，光照时间长的月份，降雨天数少，可出游的天数多，反之可出游天数少。

气候因子对人体舒适度的影响是综合的，国内外气候舒适度的计算方法多种多样，而人体对气候环境也形成了鲜明的地域性适应。为因地制宜开展旅游气候舒适度评价，经筛选，本章决定采用温湿指数法进行旅游气候舒适度、舒适天气的计算。

8.2.1　温湿指数法

温湿指数由俄罗斯学者提出，其物理意义是湿度订正以后的温度，温湿指数通过湿度与温度的综合作用来反映人体与周围环境的热量交换，温湿指数求算公式如下。

$$E_i = T_d - 0.55(1-f)\cdot(T_d - 58) \tag{8.1}$$

其中，T_d 为华氏温度，将华氏温度改为摄氏温度，其计算公式如下。

$$I = (1.8t+32) - 0.55(1-f)\cdot(1.8t-26) \tag{8.2}$$

式中，t 为摄氏气温(℃)，f 为相对湿度(%)。温湿指数分级标准见表 8.1。

表 8.1　温湿指数分级

I 值范围	等级	人体感觉程度
<40	e	极冷，极不舒适
$40\leqslant I<45$	d	寒冷，不舒适
$45\leqslant I<50$	c	偏冷，较不舒适
$50\leqslant I<55$	b	清凉，舒适
$55\leqslant I<65$	A	凉，非常舒适
$65\leqslant I<70$	B	暖，舒适
$70\leqslant I<75$	C	偏热，较舒适
$75\leqslant I<80$	D	闷热，不舒适
$\geqslant 80$	E	极其闷热，极不舒适

使用温湿指数法计算旅游气候舒适度，温度、湿度为多年平均值时计算所得就是旅游气候舒适度，如采用温度、湿度瞬时值(小时值、日值等)，那么计算所得就是舒适天气。

8.2.2　天气舒适度小时量级评价方法

考虑到旅游气候舒适度采用长期气候资料进行分析，在时间尺度上对指数进行了平滑过滤，不能给出时、日等变化，因此要结合区域自动气象站观测资料开展天气舒适度逐时评价，方法如下。

首先，对温湿指数分级进行定量化，定量化分级指标见表 8.2。

表 8.2　温湿指数定量化分级指标

感觉程度	非常舒适	舒适	较舒适	不舒适
温湿指数等级	A	B、b	C	c、D、d、E、e
分级定量化 Q	1	0.8	0.6	0.4

其次，考虑到降水、大风对旅游天气舒适度会产生一定影响，由下式对温湿指数定量化进行修正，得到修正后的温湿指数分级定量化质 Q_a。

$$Q_a = A\cdot B\cdot Q \tag{8.3}$$

式中，A、B 分别为降水修正参数、大风修正参数，可由下列判别标准得出。

$$A=\begin{cases}1 \\ \frac{5.5-R}{5} \\ 0\end{cases} \qquad B=\begin{cases}R\leqslant 0.5 & F\leqslant 3.6 \\ 0.5<R<5, & 3.6<F<17.0, \\ R\text{ 为 1 h 降水量} & F\text{ 为 1 h 极大风速} \\ R\geqslant 5 & F\geqslant 17.0\end{cases}$$

此处 R 为降水量(mm),F 为风速(m/s)。

温湿指数经定量化修正后,得到小时量级的天气舒适度分级指标(表 8.3)。

表 8.3　小时天气舒适度分级指标

分级定量化	$0.8<Q_a\leqslant 1$	$0.6<Q_a\leqslant 0.8$	$0.4<Q_a\leqslant 0.6$	$Q_a\leqslant 0.4$
感觉程度	非常舒适	舒适	较舒适	不舒适

8.3　背景区域旅游气候舒适度分析

对旅游者而言,真正起作用的天气气候是 10 d 以内的时间,因为很少有人在一个地方游览时间达一月、一季或一年,而且我国有春节、国庆两个长假,时间为 7 d,还有其他 5 个假期,时间为 3 d。以月、季、年尺度评价旅游气候资源、分析旅游气候特征显然过于粗糙,不能满足实际需要。

利用鄞州站 1971—2009 年地面气象资料进行逐候计算处理,再利用温湿指数对东钱湖所在地区的旅游气候舒适度进行评价分析,目的是针对背景区域气候特征,客观准确地揭示当地温湿指数的时间分布特征,为东钱湖景区科学管理和开发旅游气候资源提供科学依据。

为分析东钱湖地区旅游气候舒适期,对背景区域进行了逐候温湿指数的计算评判,其中 A、B 和 b、C 分别代表了人体感觉非常舒适、舒适和较舒适。只有当气候指标等级为 A、B、b、C 时定义为舒适,该候可称为气候舒适候,舒适候的持续时间为气候舒适期。经分析,东钱湖区域气候舒适期有 37 个候,即第 15—34 候和第 51—67 候(表 8.4 灰色部分),主要集中在春、秋两季,部分出现在冬、夏初期。

表 8.4　东钱湖区域气候舒适候指数评判

候序	1	2	3	4	5	6
1 月	d	d	d	d	d	d
2 月	d	d	c	c	c	c
3 月	c	c	b	b	b	b
4 月	A	A	A	A	A	A
5 月	B	B	B	B	B	C
6 月	C	C	C	C	D	D
7 月	D	D	E	E	E	E
8 月	E	E	E	D	D	D
9 月	D	D	C	C	C	C
10 月	B	B	B	A	A	A
11 月	A	A	A	b	b	b
12 月	b	c	c	c	c	d

将背景区域 39 年各候气候资料代入温湿指数公式，计算得到每年每一候的舒适度指数，然后将某候值在 50～75 的年数占 39 年的百分率统计出来，即得到该候舒适气候指数，同样方法计算其他候，最后得到背景区域舒适气候指数的逐候分布(图 8.5)，从温湿指数概率分布来看，高于 50%概率的候为第 15～34 候和第 51～67 候，与旅游气候舒适期一致。

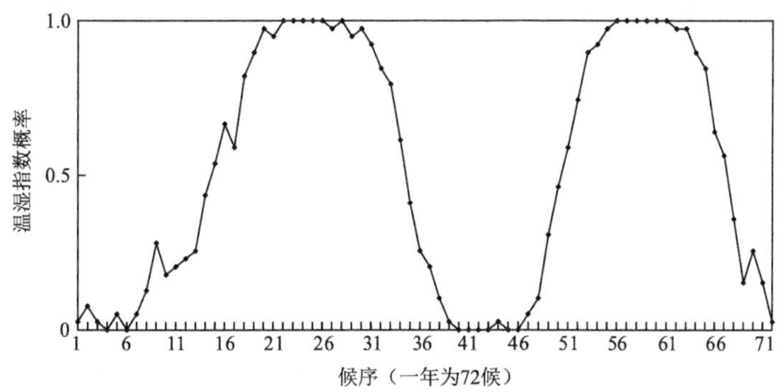

图 8.5　背景区域温湿指数概率候分布

8.4　东钱湖旅游天气舒适度分析

2005 年 7 月，在东钱湖湖滨王安石公园内布设了区域气象站，主要观测项目有气温、降水、风等。采用该站 2005 年 7 月至 2010 年 6 月资料分析东钱湖地区旅游天气舒适度是比较符合实际的。

8.4.1　不利旅游天气简析

晴好的天气对于旅游十分重要，不利于户外旅游活动的天气主要有降水、大风等。图 8.6 是东钱湖 2005 年 7 月—2010 年 6 月的 5 年内各种不利天气日数对比情况，其中，雨日是指日降水量≥10.0 mm 的中雨日数，大风日是指日瞬时风速≥17.0 m/s 的日数。东钱湖地区年中雨以上降水日数基本在 30～50 d，5 年内相差不大，对东钱湖的旅游、度假有一定影响。东钱湖地区年大风日数有 2～5 d，但多出现在 7 月、8 月、12 月、1 月等人们外出旅游较少的时段，对东钱湖的旅游、度假没有明显影响。

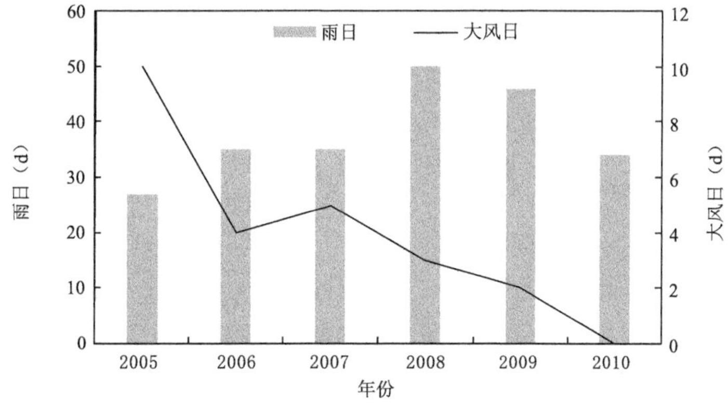

图 8.6　东钱湖地区不利户外旅游活动日数年变化

8.4.2 天气舒适度各级占比情况

东钱湖站2006—2009年逐年逐小时天气舒适度各级占比计算结果表明(表8.5),非常舒适级别占45.4%,舒适级别占26.9%,较舒适级别占19.5%,合计占91.8%,而不舒适级别仅占8.2%。各整年舒适度分级总体差别不大,只有2008年不舒适级别稍多,主要是因为该年受到了年初南方长期低温雨雪冰冻天气影响所致。

表8.5 东钱湖地区天气舒适度各级占比(%)

年份	非常舒适	舒适	较舒适	不舒适
2006	45.9	26.8	19.6	7.7
2007	47.5	27.4	19.2	5.9
2008	43.5	26.3	19.2	11.0
2009	44.8	27.1	19.8	8.3
平均	45.4	26.9	19.5	8.2

8.4.3 天气舒适度季节变化

经统计,各级天气舒适度的季节变化较明显(图8.7),其中1月、2月、7月、8月所在的隆冬和盛夏"非常舒适"级别较其他时段偏少。

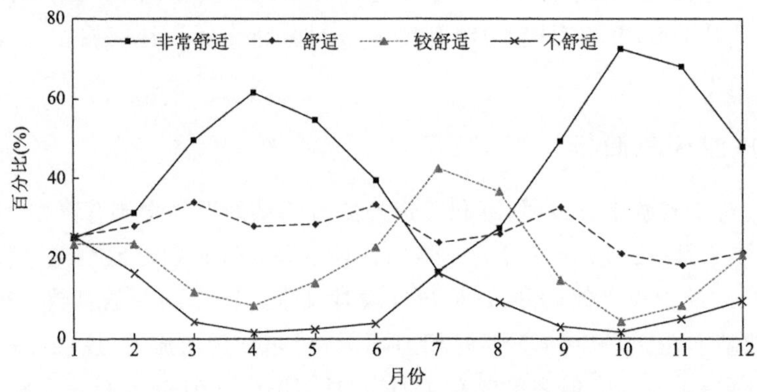

图8.7 东钱湖地区各级天气舒适度月变化

8.4.4 天气舒适度日变化

选择1月、4月、7月、10月,以这几个月的每月第1候(即1—5日)为代表,对这一候的逐日逐时天气舒适度进行分析,其结果分别代表冬、春、夏、秋四季。

分析表明(图8.8),冬季(1月)气温的日变化较小,天气舒适度日变化不明显,基本保持在"舒适"这一级别;春季(4月)天气舒适度全天保持在"非常舒适"这一范围;夏季(7月)天气舒适度的日变化很大,下半夜为"非常舒适",太阳出来后气温上升快,10:00前后舒适度下降,变为"较舒适"甚至"不舒适",太阳下山后气温下降,舒适度级别上升,18:00后回到"舒适"级别;秋季(10月)天气舒适度的日变化也较大,但只有12:00—17:00因增温明显舒适度有所下降变为"舒适"级别,其余时段"非常舒适",秋高气爽。

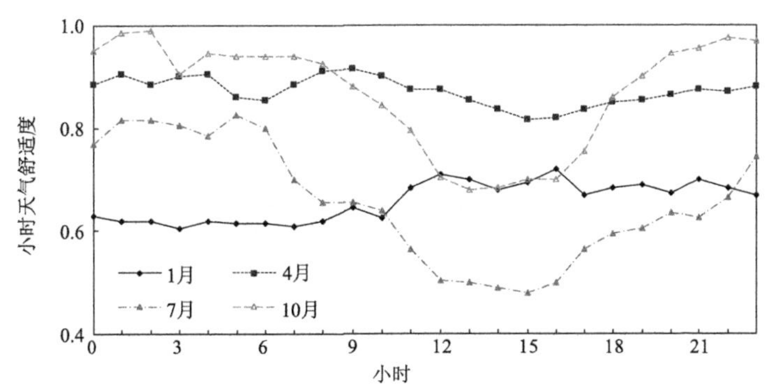

图 8.8　东钱湖地区各季小时天气舒适度日变化

8.4.5　天气舒适度日分析

考虑到旅游时间主要集中在白天，而且是以户外活动为主，因此本书采用 06:00—20:00 逐日气象资料，依据表 8.3 的分级标准对小时天气舒适度进行累加，当该日小时天气舒适度累加值大于 9，定义该日为舒适日。

统计 2006—2009 年逐日逐时天气舒适度结果表明（表略），东钱湖地区白天（06:00—20:00）以非常舒适、舒适、较舒适为主，年平均舒适天数 290 d，年际差异不大（表 8.6、表 8.7），4—6 月、9—11 月各月平均舒适天数均达 27 d 以上；7 月天气炎热，舒适天数偏少，不舒适天气均出现在高温时段；寒冷季节的低温日一般为不舒适天气，不舒适时段连续且较长，待日出太阳辐射升温后，天气舒适度转为较舒适。

表 8.6　东钱湖地区各月舒适天数

年份	1 月	2 月	3 月	4 月	5 月	6 月	7 月	8 月	9 月	10 月	11 月	12 月	舒适天数(d)
2005	/	/	/	/	/	/	7	14	20	31	30	19	121
2006	23	15	28	28	29	25	10	12	28	31	30	27	286
2007	27	27	29	30	28	26	5	9	29	29	30	28	297
2008	12	13	31	30	30	29	8	22	29	31	29	26	290
2009	20	27	29	29	31	24	14	23	30	30	22	22	301
2010	21	21	23	29	31	30	/	/	/	/	/	/	155
平均	20.6	20.6	28.0	29.2	29.8	26.8	8.8	16.0	27.2	30.4	28.2	24.4	290

表 8.7　东钱湖地区各季舒适天数(d)

年份	冬	春	夏	秋
	12—次年 2 月	3—5 月	6—8 月	9—11 月
2005	/	/	/	81
2006	57	85	47	89
2007	81	87	40	88
2008	53	91	59	89
2009	73	89	61	82
2010	64	83	60	/
平均	65.6	87.0	53.4	85.8

第 9 章　某厂区设计风压模拟推算

9.1　概况

某厂地处杭州湾入海口南侧(图 9.1),厂区海拔高度 4 m 左右,建筑物高度一般在 50 m 以下,最高建筑物高度 120 m,地处亚热带季风气候区,兼受海洋对气候调节作用,具有季风显著,四季分明,温暖湿润;冬无严寒,夏无酷暑,光照充足,雨量丰富,台风灾害频繁的气候特点。

为保证工程安全、经济,本专题拟采用经典方法和数值模拟方法提出厂区的基本风压和各高度风压,即以经典数理统计方法计算参证气象站 50 a 一遇最大风速,采用数值模拟方法判断风速从水面向陆地衰减情况推出厂区基本风压。

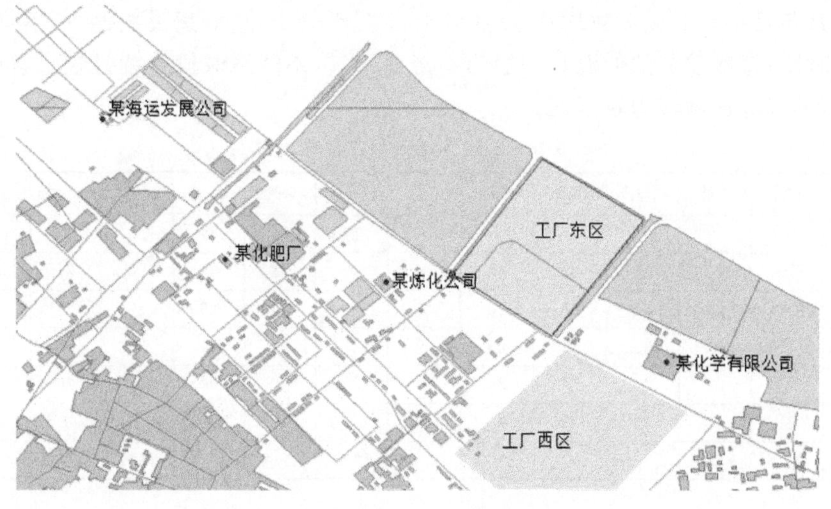

图 9.1　厂区位置示意图

9.2　数值模拟

为了了解厂区风速从水面向陆地的衰减规律,为厂区基本风压分区提供参考,在没有水平梯度风速观测情况下,我们采用数值模拟方法来解决这个问题。数值模拟工具为计算流体力学软件(Fluent),在计算过程中,采用非结构化的网格划分技术,并引入实际地形分布进行模拟。囿于目前数值模拟技术的现状,模拟的结果与实际情况还存在一定的差距,但是其分布趋势仍可供参考。

模拟选取厂区及其周边为研究范围,如图 9.2 所示。模拟范围内的地貌特征从 1∶50000

图 9.2　模拟范围

的电子地图获取。模拟计算风速初始值水面上为 37 m/s，高度为 10 m。模拟范围内的地貌特征考虑了水体、滩涂、陆地和部分建筑物，见图 9.3。

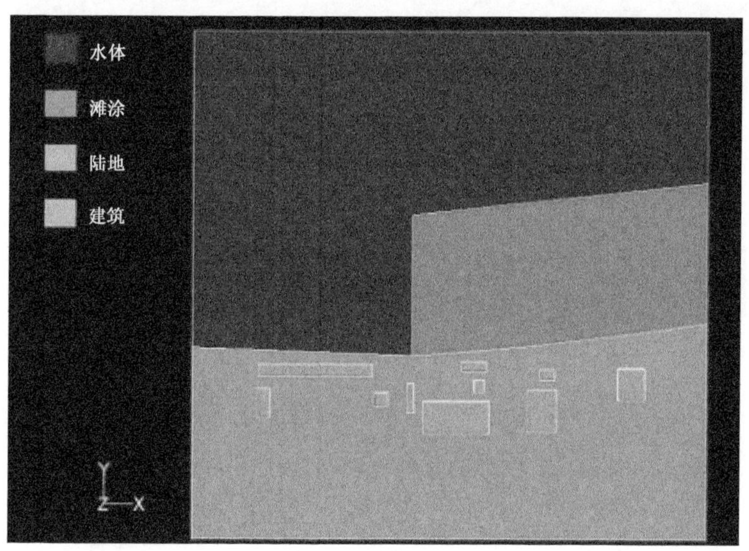

图 9.3　模拟范围地貌特征（见彩插）

模拟结果显示，风速由水面向陆地衰减（图 9.4 和图 9.5，左侧色标为风速，单位：m/s）。当风从水面吹向陆地进入滩涂后，受地表粗糙度加大的作用，风速明显减小。建筑物迎风面受建筑物的阻挡，形成小风区，实际为高压气垫。在背风面风速衰减更甚，实际为低压区。在两建筑物之间，由于狭管效应，风速增大。

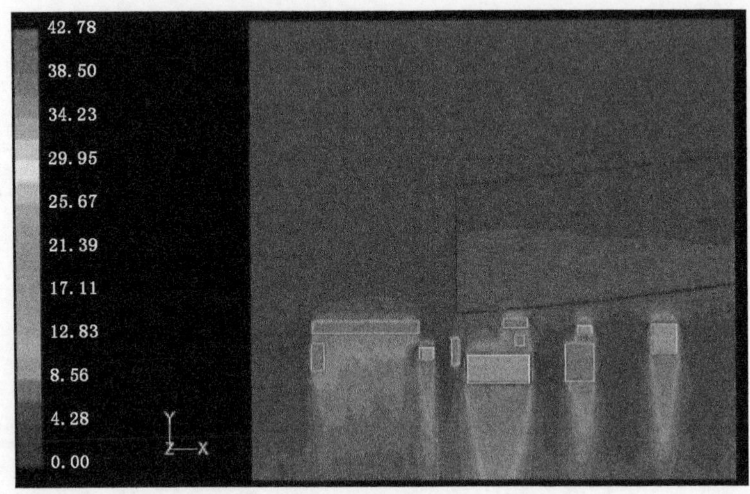

图 9.4 模拟范围风速分布(见彩插)

图 9.5 模拟范围风速分布局部放大(见彩插)

9.3 厂区 50 a 一遇最大风速估算

选择与厂区相距约 10 km 的长年代气象站作为参证站,该站海拔高度 24.1 m,风速感应器距地面高度 11.3 m,采用电接风向风速仪后有 6 a 的年最大风速在 30 m/s 以上,其中 4 a 的年最大风速在 33 m/s 以上,累年最大风速 34.3 m/s,这些 30 m/s 以上的最大风速都出现在 1980—1990 年。在这之前,1974—1979 年最大风速为 28.0 m/s;在这之后,也就是 1991—2006 年,最大风速仅 25.4 m/s。根据该站 1974—2006 年历年最大风速资料(样本数 33),用耿贝尔极值Ⅰ型概率分布推断得该站 50 a 一遇最大风速为 37.15 m/s。

厂区位于杭州湾南岸岸边,海拔高度约 4 m,与参证站一样,北面同是广阔的水体,南面也是内陆平原,因厂区没有可用的测风资料,根据《建筑结构荷载规范》《公路桥梁抗风设计规范》规定,海岸、海面的地面粗糙度系数取 0.12,风速沿竖直方向高度分布按公式(3.10)计算得厂区 10 m 高处 50 a 一遇最大风速为 33.2 m/s。由于公式(3.10)只在凌空条件下成立,直接用气象站风速进行高度订正其结果会偏小。因此,厂区风况应结合厂区与参证站海拔高度仅相差 20 m、狭管效应会使参证站风速偏大等因素,再依据相关规范以及厂区附近以往所做的相关研究成果进一步确定。

查《建筑结构荷载规范》(2006 年版)所附全国基本风压分布图,本项目处于 0.6～0.7 KN/m^2 等值线之间,相应的离地面 10 m 高处 50 a 一遇最大风速为 31～34 m/s。综合上述分析结果,厂区靠近海岸的地方离地面 10 m 高处 50 a 一遇最大风速取值为34 m/s;离海岸较远的地方取值为 32 m/s;特别重要的或伸入海面的建筑物取值可以再提高一些。

9.4　风随高度变化

9.4.1　规范中的地面粗糙指数

按《建筑结构荷载规范》(2006 年版)规定,风廓线方程采用公式(3.10),α 为地面粗糙指数,在《公路桥梁抗风设计规范》中称为地表粗糙度系数。

不同下垫面状况下 α 取值不同,《建筑结构荷载规范》把下垫面状况分为 A、B、C、D 四类,厂区下垫面状况属于前 3 类,即 A 类、B 类和 C 类。

A 类指近海海面和海岛、海岸、湖岸及沙漠地区;

B 类指田野、乡村、丛林、丘陵以及房屋比较稀疏的乡镇和城市郊区;

C 类指有密集建筑群的城市市区。

《建筑结构荷载规范》中给出了各类下垫面风压随高度变化系数,A 类取值 0.12;B 类取值 0.16;C 类取值 0.22。

按《建筑结构荷载规范》对各类下垫面的规定,厂区 α 取值应在 0.12～0.22。

9.4.2　相似区研究成果引用

由于舟山至大陆连岛工程气象专题的分析需要,在舟山市定海区金塘镇横档山岛设立了一个梯度风观测铁塔,该铁塔距厂区直线距离为 21 km。在铁塔的 10 m、25 m、40 m、55 m、70 m高度处南北两侧各安装了一台自动风向风速观测仪。

对 2003 年 5 月至 2005 年 6 月 3 年多的观测资料分析表明,由于梯度风观测铁塔本身对风场的影响,使得在同一时刻、不同朝向的测风仪所观测到的风速也有所不同,因此在计算过程中需要对铁塔南北两侧的风资料分开进行处理。

本区域是浙江省大风天气最多的地区之一,几乎每年都有台风影响,根据前面的分析,绝大多数年份中的最大风速是在台风影响下出现的,因而计算 α 值时应把台风天气系统作为重点分析。

在计算过程中,对观测个例进行了如下处理:

(1)对南北两侧的 α 值分别进行独立的计算;

(2)根据统计经验,α 值应大于 0,因此在计算时剔除了所有 α 值小于 0 的个例;同时参考现有规范以及其他类似工程 α 值计算分析的结果，剔除了所有 α 值小于 0.1 以及大于 0.19 的个例；

(3)在计算台风影响下的 α 值时，选取计算个例的顶层(70 m)日最大风速为 7 级(≥13.9 m/s)以上和 8 级(≥17.2 m/s)以上两种情形；

(4)为了减少铁塔及周边环境对观测个例的影响，在计算时采用了两种方法，第一种是以 10 m 高度的风速为基准计算各层的 α 值，第二种是采用下一层的风速为基准计算上一层的 α 值。

根据上述处理原则，对现场梯度风观测获取的资料进行综合计算分析，得到不同设定条件下的 α 值(表 9.1)，可以看出，在不同的计算条件下 α 值会有差异，但主要集中在 0.14～0.16。

表 9.1　不同条件下 α 值计算结果

<table>
<tr><th colspan="3">计算条件</th><th>北侧 α 值</th><th>南侧 α 值</th></tr>
<tr><td rowspan="2">所有个例</td><td colspan="2">以 10 m 高风速为基准</td><td>0.136</td><td>0.141</td></tr>
<tr><td colspan="2">以下一层风速为基准</td><td>0.151</td><td>0.145</td></tr>
<tr><td rowspan="4">台风个例</td><td rowspan="2">以 10 m 高风速为基准</td><td>日最大风速 7 级以上</td><td>0.142</td><td>0.135</td></tr>
<tr><td>日最大风速 8 级以上</td><td>0.162</td><td>—</td></tr>
<tr><td rowspan="2">以下一层风速为基准</td><td>日最大风速 7 级以上</td><td>0.158</td><td>0.150</td></tr>
<tr><td>日最大风速 8 级以上</td><td>0.180</td><td>—</td></tr>
</table>

根据上述推算结果，结合舟山大陆连岛工程气象专题报告的计算研究，本着以事实为依据，对尚无定论的经验慎用的原则，本专题建议在高度小于 70 m 时，α 取 0.16；70 m 以上的高度，以 70 m 高度的风速为基础上推，α 取 0.14。

由此可得到最终的风廓线方程。其中公式(9.1)适用于≤70 m 的高度，公式(9.2)适用于 70 m 以上高度。

$$V_1=(z1/z)^{0.16}V \tag{9.1}$$

$$V_1=(z1/z)^{0.14}V \tag{9.2}$$

9.5　各厂区风速风压取值

9.5.1　空气密度

根据参证站多年资料，$p=1014.1$ hPa，$t=16.5$ ℃，$e=16.9$ hPa，采用公式(5.1)计算得到空气密度 $\rho=1.212$ kg/m^3。

9.5.2　基本风压

风压是垂直于气流的平面上所受到的压强。风压系数与地理位置、海拔高度、气候环境等因素有关。风速与风压之间的关系公式通常用下式表示

$$q=\frac{v^2\rho}{2g} \tag{9.3}$$

式中，q 为风压（kN/m^2），v 为风速（m/s），ρ 为空气密度（kg/m^3），g 为重力加速度（m/s^2）。

将 50 a 一遇最大风速和空气密度代入公式(9.3)，可求得厂区基本风压 q，见表 9.2。

表 9.2　基本风压取值

位置	离海岸较远的地方	靠近海岸处
50 a 一遇最大风速(m/s)	32	34
基本风压(kN/m^2)	0.62	0.70

9.5.3　各厂区各高度风压

厂区的西区离海岸较远，10 m 高度风速取 V_1＝32 m/s；厂区的东区更靠近海岸，10 m 高度风速取 V_2＝34 m/s。

高度小于 70 m 时，地表粗糙度系数 α 取 0.16；70 m 以上的高度，地表粗糙度系数 α 取 0.14。

按风廓线方程和基本风压取值，可算得东、西厂区各高度 50 a 一遇最大风速(表 9.3)和各高度风压(表 9.4)。

表 9.3　各高度 50 a 一遇最大风速(m/s)

高度(m)	西厂区风速 V_1	东厂区风速 V_2
10	32.00	34.00
20	35.75	37.99
30	38.15	40.53
40	39.95	42.44
50	41.40	43.99
60	42.62	45.29
70	43.69	46.42
80	44.51	47.30
90	45.25	48.08
100	45.92	48.80
110	46.54	49.45
120	47.11	50.06

表 9.4　各高度风压(kN/m^2)

高度(m)	西厂区风压 q_1	东厂区风压 q_2
10	0.62	0.70
20	0.77	0.87
30	0.88	1.00
40	0.97	1.09
50	1.04	1.17
60	1.10	1.24

续表

高度(m)	西厂区风压 q_1	东厂区风压 q_2
70	1.16	1.31
80	1.20	1.36
90	1.24	1.40
100	1.28	1.44
110	1.31	1.48
120	1.34	1.52

建议:特别重要的建筑物和伸入海面的建筑物,其风压值可以再提高一些。高耸建筑和重要建筑最好建在离海岸较远的地方。

第 10 章　某石化厂近地面污染扩散大气流场模拟

大榭岛因远观如水榭而得名，位于中国海岸线中段，长江水道与海岸线的 T 型交汇点，距宁波市中心约 40 km，东邻东海，西与北仑港相邻，地势呈中部高四周低，主峰七顶山海拔 334 m，主要生活区在岛的南部。

某石化厂区位于大榭岛东部，西南侧依山，东侧靠海，风速日变化显著，夜里至凌晨风速比中午前后小 1.2～1.6 m/s，海陆风显著。厂区东北侧开阔平坦，常年风速较大，最小月平均风速超过 2.7 m/s，有利于污染物扩散。厂区西南侧的七顶山能够有效阻挡化工厂近地层的大气污染物向西南侧传播，对生活区有遮挡保护作用。

该厂馏分离扩建预研阶段，专家提出大榭岛地形可能会影响污染气体的扩散过程，地形阻挡的“窝风”效应对排放火炬选址不利。本章利用中尺度数值模式 WRF，基于现已公开发布的 30 s(900 m)分辨率地形和植被覆盖资料，对大榭岛周边进行 500 m 水平分辨率高精度的数值模拟，探讨地形对大榭岛周边近地层流场的影响情况，揭示不同天气背景条件下的环流特征，为火炬选址和污染物排放高度提供参考。

10.1　大榭岛环流特点分析

大榭岛属亚热带季风湿润气候，四季分明，春、夏盛行东南风，冬季盛行西北风，秋冬季节偶有层结极其稳定的大雾天气。

针对大榭岛的常年气候条件，根据风向、风速和大气稳定度等因素，选取可以涵盖大榭岛典型天气的过程，着重分析近地面大气的水平流场结构。本专题选取了中性层结东北风天气、稳定层结有雾天气、不稳定层结西北大风天气、近中性层结东南风天气 4 组天气过程。

为了有效模拟大榭岛周边的环流结构，本专题采用 WRF3.01 中尺度数值模式，边界层参数化采用 YSU 方案，水平分辨率 500 m，模式层顶 50 hPa，垂直 35 层，边界层 5 层。模式的七顶山的山体高度为 250 m，比其实际高度 334 m 低。这是因为模式水平分辨率仅有 500 m，而模式采用的地形资料水平分辨率为 900 m。

10.1.1　个例 1：中性层结东北风天气

时间：2008 年 11 月 1 日 08:00。

天气：阴有零星小雨。

风况：弱风，风速 1.3 m/s(测风仪高度均为 10 m，下同)。

稳定度：中性层结。

图 10.1 给出模拟的大榭岛周围 20 km×20 km 区域的近地面 10 m 高度的水平流场，东北风和偏西风在大榭岛中部形成一条西北—东南向的辐合带，辐合带附近有零星小雨。虽然近地层风速较小，不利于大气污染物扩散，但有弱的降水能够降低污染物浓度。山体对流场影响较小，没有形成山前阻挡和背风涡旋。

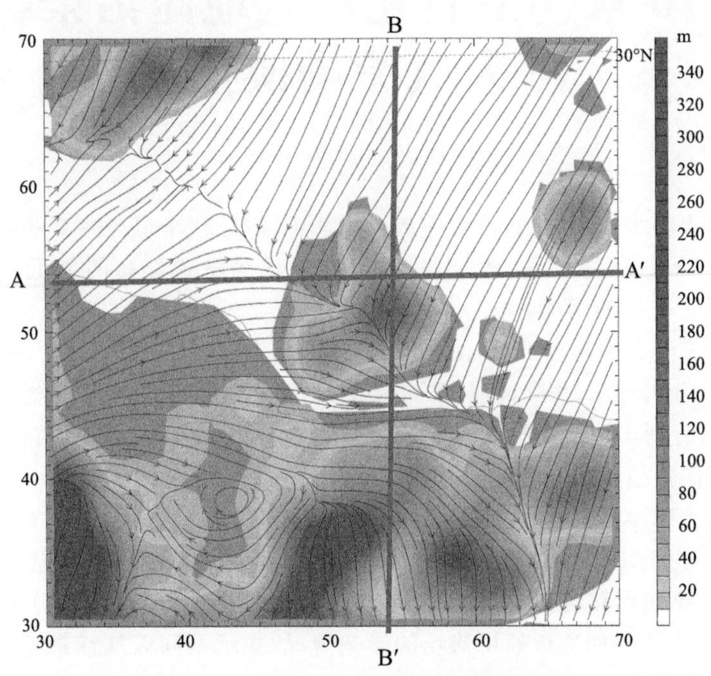

图 10.1　个例 1——近地面 10 m 水平流场

（AA′和 BB′分别为东西向和南北向垂直剖面的位置，阴影表示地形高度，下同）

分析大榭岛的垂直探空曲线发现，近地层没有明显的逆温层，对流层中部有深厚的云层，温度递减率比较小，边界层属于中性层结，对流层上部偏西风，中部西南风，底部东北风，中高层垂直风切变较大，低层较小。温度露点差较小，水汽含量大。

通过对大榭岛东西向和南北向风速垂直剖面分析发现（剖面位置见图 10.1），大榭岛的东西向风速偏小，形成东西向的风速辐合带，气流很难越山而过。山体附近的偏北风速较大，700 m以下的边界层内有一致的北风分量，山前的气流抬升明显，有利于山前污染物向边界层上部输送，稀释污染物浓度，虽然气流越山而过，但背山一侧的弱风区并没有明显的下沉气流，不会造成下游地区的大气污染物堆积。这种环流形势既不会在山前形成涡旋性阻塞环流，也不会在背山一侧形成背风涡旋的大气污染物堆积，同时弱的降水也会通过湿沉降过程净化大气。

10.1.2　个例 2：层结稳定有雾天气

时间：2008 年 11 月 02 日 05 时。

天气：有雾。

风况：弱风，风速 1.8 m/s。

稳定度：层结稳定。

弱风条件下，气流经过大榭岛的山地会产生绕流现象，山地对环流有阻塞作用（图 10.2）。

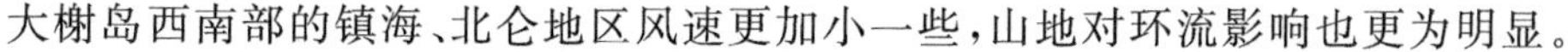
大榭岛西南部的镇海、北仑地区风速更加小一些，山地对环流影响也更为明显。

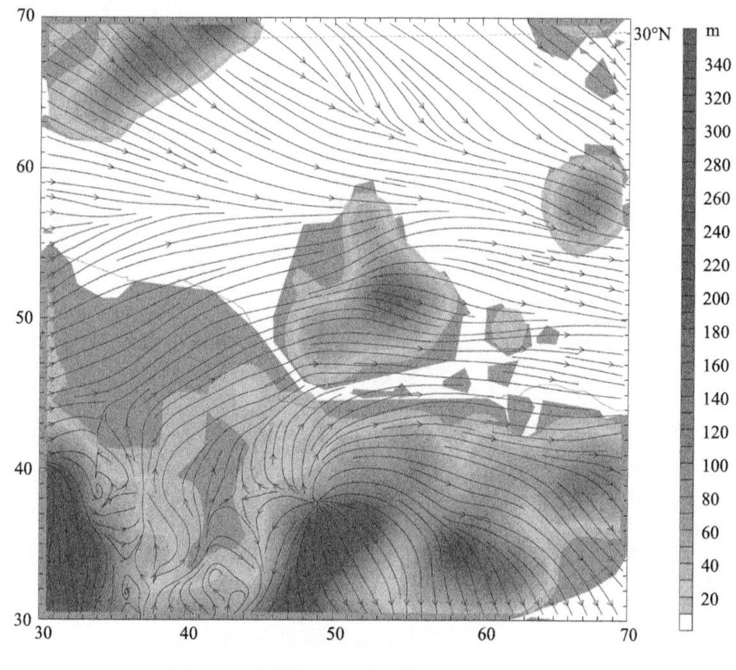

图 10.2 个例 2——近地面 10 m 水平流场

分析大榭岛的垂直探空曲线发现，对流层中下部温度递减率非常小，边界层层结稳定。中低层为西到西北风，风速仅有 2 m/s 左右。温度露点差较小，垂直水汽含量大。

通过对大榭岛风速垂直剖面分析发现(剖面位置见图 10.1)，近地层风速较小，越山气流微弱，南北向甚至出现山前凝滞现象的逆流。山后为下沉气流，容易造成大气污染物的堆积。超过 300 m 高度，山后的下沉气流变得不显著，这一层次的风速也明显大于近地层的风速。在层结稳定时，受到这种下沉气流和山体阻挡的影响，大气污染物有效排放高度要达到 300～400 m，才能降低局地污染物浓度。

10.1.3 个例 3:西北大风天气

时间:2008 年 12 月 22 日 08:00。

天气:冷空气影响。

风况:西北大风，风速 11.6 m/s。

稳定度:不稳定层结。

西北大风条件下，经过大榭岛的气流平直，山地对环流几乎没有影响(图 10.3)，这明显不同于个例 2，说明风速大小决定了山体对气流的影响程度。

分析大榭岛的垂直探空曲线发现，边界层附近温度递减率很大，层结不稳定，逆温层偏高，不影响大气污染物上升运动。低层为西北风，高层为偏西风，风速较大，动量下传明显。

通过对大榭岛风速垂直剖面分析发现(剖面位置见图 10.1)，近地层风速较大，越山气流明显，无论南北向还是东西向气流都可以爬越山峰。气流在爬越山体后，能够携带污染物进入边界层中上部，加快污染物扩散。高风速条件下，虽然背山有沿山体的下沉气流，但由于污染

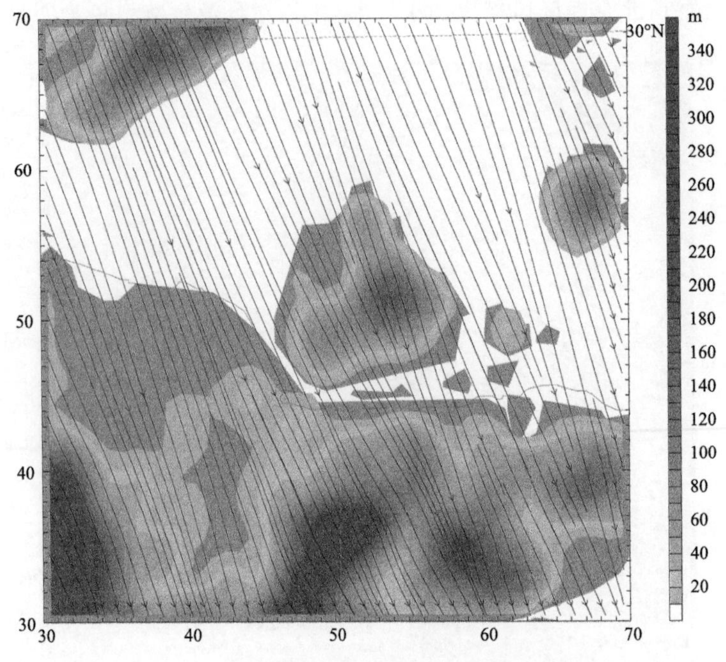

图 10.3 个例 3——近地面 10 m 水平流场

物已经被携带至边界层上部，不会在下游造成污染物堆积，水平流场也表明没有出现气流堆积性的背风涡旋。

10.1.4 个例 4：近中性层结东南风天气

时间：2008 年 12 月 27 日 08:00。

天气：东南气流。

风况：弱风，风速 1.6 m/s。

稳定度：近中性层结。

弱东南风条件下，气流经过大榭岛的山地略微受到影响但不明显(图 10.4)。与个例 1 的东北风相比，虽然风向有所不同，但风速相当，受到的山体影响也很相似，表明山体对环流的影响与风向关系不大。

分析大榭岛的垂直探空曲线发现，边界层附近温度递减率较小，层结曲线也与个例 1 相似。边界层附近存在风向的切变，低层为东南风，800 hPa 以上为偏西风，但近地层的风速较小。

通过对大榭岛风速垂直剖面分析发现(剖面位置见图 10.1)，近地层风速较小，东西向气流能够爬过山顶，但气流整体沿着山体运动，山前上升、山后下沉，并不利于污染物扩散，当气流高过山顶 50～100 m 时，大气污染物越山后才不会再次进入近地层。南北向风速小于东西向风速，山前存在静风区，南侧的污染物不会传播至北侧。

10.1.5 过山气流的临界风速

通过对 4 个个例的数值模拟发现，层结不稳定、风速较大时，大榭岛地形对环流的影响较小，过山气流以爬流为主，山体对气流有抬升作用，有利于污染物传输至边界层上部，增强污染

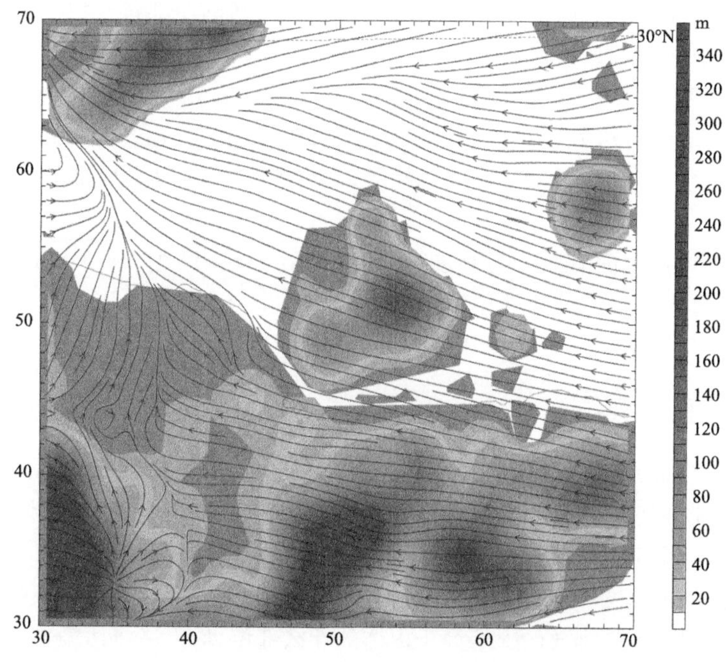

图 10.4　个例 4——近地面 10 m 水平流场

物扩散速度，对下游影响较小。层结稳定、风速较小时，大榭岛地形会影响水平流场结构，过山气流以绕流为主，存在山前阻塞和背风涡旋，山前的阻挡作用不利于污染物扩散，背山一侧存在静风下沉区。从个例的垂直环流结果分析来看，水平风速大于 3 m/s 时，能够形成明显的过山气流。

大榭岛对于大气污染物扩散有两方面的作用：风速较大时，能够有效抬升污染物上升高度；弱风、层结稳定时，阻挡污染物向下游扩散堆积。

对于自由滑脱边界条件下，可利用地形 Froude 数和无量纲山高判断过山气流的方式。

$$Fr = U/(N \cdot Hm) \tag{10.1}$$

式(10.1)中，U 为水平风速，N 为 brunt-vaisala 频率，Hm 为山高。无量纲山高可表示为

$$H = 1/Fr \tag{10.2}$$

当 $H \ll 1.2$ 时，绕流占主导作用。当 $H \gg 1.2$ 时，爬流占主导作用。宁波处于中纬度地带，稳定层结时 $N \approx 0.01/\text{s}$，大榭岛七顶山最高点 344 m，然而山的主体只有 250 m 左右，这里取 $Hm = 360$ m，代入公式(10.2)可得到临界风速

$$U \approx 360 \times 0.01/1.2 \approx 3 \text{ m/s} \tag{10.3}$$

即当水平风速<3 m/s 时，过山气流会形成绕山气流，山前存在涡流现象。

个例分析和理论分析结果表明，水平风速 3 m/s 可以用来作为阻塞涡旋产生的判据。当水平风速小于 3 m/s 时，大气层结稳定，逆温层较厚，不利于污染物扩散。

10.2　典型天气环流模拟

通过对上述 4 组典型天气过程的研究发现，层结稳定、弱风速气象条件不利于污染物扩

散，容易造成大气污染物的山前积聚。石化厂区位于大榭岛的东北部，当盛行东北气流且风速较小时，大气污染物很难爬越山体。如果大气污染物有效抬升高度较低，由于稳定大气背山一侧为下沉气流，当气流仅在近地层爬越山体时，仍容易造成下游地区的大气污染加剧。

为了更为准确地分析边界层流场结构，本专题对模式中的大榭岛地形进行了加高，由模式最初的 250 m 提升至 303 m，更为接近实际地形；同时在模式的边界层部分增加了 5 层，总层数增至 40 层。

为确定污染气体排放的有效参考高度，本节选取 2008 年 11 月 2—3 日有雾的弱风天气进行环流模拟试验，对山体附近的近地层流场特征作进一步分析，并利用不同时刻风向和风速的变化分别探讨垂直环流特征与水平风速的关系。

10.2.1　弱西风稳定层结

弱西风经过大榭岛形成明显的绕山气流(图 10.5)，山后形成背风涡旋。此时层结稳定，温度递减率小，对流层底层风速均较小。山前近地层风速偏弱，无法爬越山体，离地 100 m 左右、超过风速 1 m/s 时有部分气流过山。

山前边界层内的风速均在 2 m/s 以内，山后气流沿山体快速下沉。化工厂处于山后，污染物不利于向上抬升，此时，无论排放的火炬处于山体的什么部位，均无法将污染物排入近地层以外。

但由于化工厂位于岛屿最东部，污染气体对西侧生活区的影响不大。

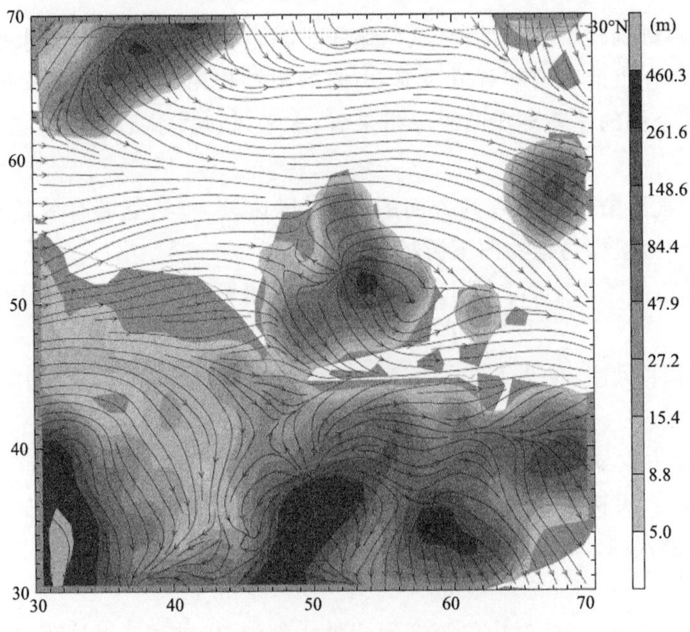

图 10.5　弱西风稳定层结的水平流场

10.2.2　弱偏北风稳定层结

弱偏北风经过大榭岛也会形成绕山气流，此时大气层结仍然比较稳定。山前气流 2 m/s 左右，山后出现凝滞现象(图 10.6)，有背风涡旋产生。化工厂位于山的北部，山体背风一侧有生活区。此时，只有当污染物离地 150～200 m(山后静风区上部的 2 m/s 高度)才能够被上层气流携带走，得到更好的扩散。若排放源偏低，可能会在大榭岛南部出现污染物的积聚。因此，建议减少在弱的偏北风和稳定层结天气时排放污染气体，或尽量加高污染物有效排放高度。

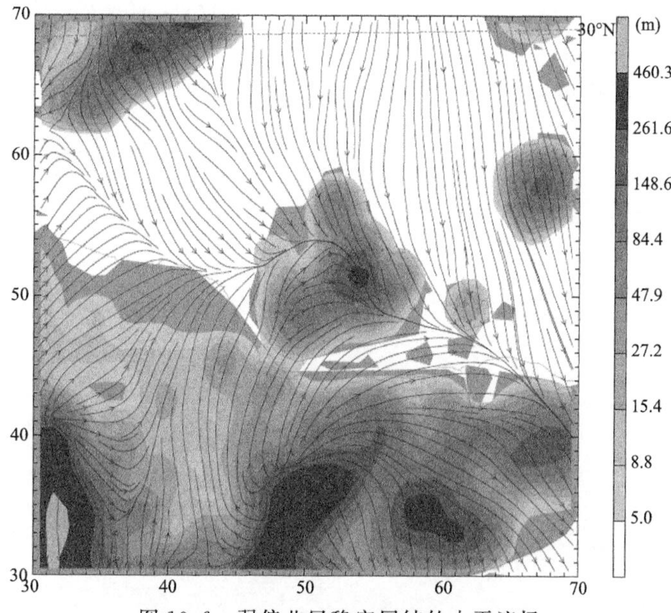

图 10.6 弱偏北风稳定层结的水平流场

10.2.3 东北风稳定层结

东北风不大时，也会形成绕山气流（图 10.7），此时层结比较稳定，逆温层深厚。山后 2 m/s层的下沉气流较小，爬流离地超过 50～100 m，对下游近地层的污染程度不大。

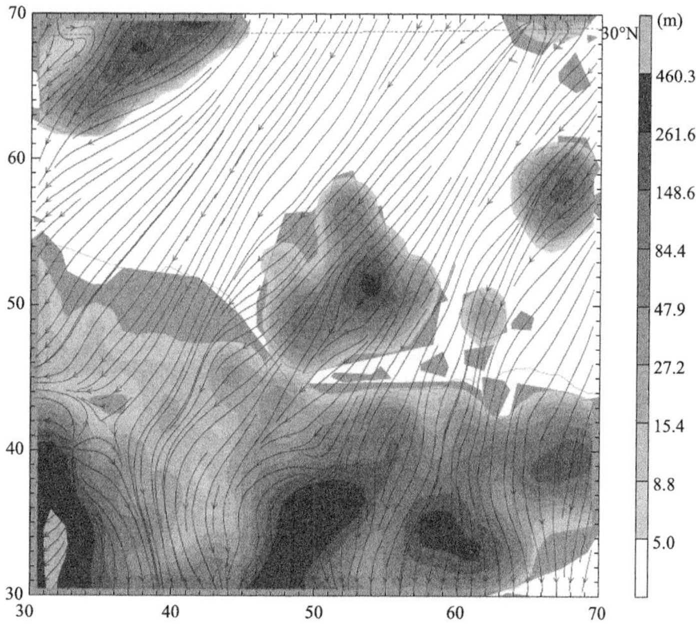

图 10.7 东北风稳定层结的水平流场

10.2.4 弱东北风稳定层结

弱东北风时大榭岛周边都会存在涡旋性环流(图 10.8),此时逆温层低而深厚,边界层附近风速较小,山前气流<2 m/s,绕流占过山气流的主体,污染物很难向上抬升,仅停留在近地层,建议减少污染气体的排放,集中至平均风速较大时再释放。

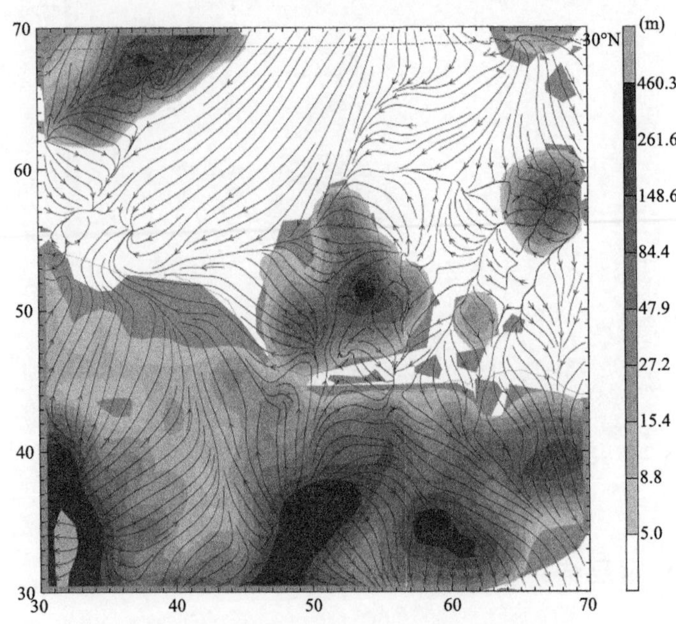

图 10.8 弱东北风稳定层结的水平流场

10.3 主要结论和建议

(1)风速大小是污染物能否扩散的关键,气象条件总体有利于污染物扩散。

污染物不易扩散的情况主要发生在层结稳定和弱风条件下,此时大榭岛近地层易形成绕山气流。风速大小是污染物能否扩散的关键,风速≥3 m/s 时,山体能有效抬升污染物的扩散高度,有利于污染物的扩散。统计大榭岛逐日气象资料表明,大榭岛风速<3 m/s 且没有降水的出现概率小于 28%。值得一提的是,弱风速时常伴有降水过程,有利于污染物的湿沉降。由于弱风速、层结稳定、无雨的天气所占比例小,午后至傍晚风速又比夜里大 1.2～1.6 m/s。因此,大榭化工区的气象条件对污染扩散总体有利。

(2)排放火炬的选址对污染物排放扩散影响不明显。

风速较小时,山体一方面阻止了污染物向下游近地层扩散,另一方面也会形成绕山气流,导致山前、山后都可能出现凝滞点并伴有局地涡旋产生。由于大榭岛附近的气象条件相似,这种现象会遍布大榭岛周围,因此,大榭岛的地形对化工厂污染物的扩散影响不大,因而火炬的选址对污染物排放扩散没有明显影响。

(3)火炬高度决定污染物扩散效率。

排放火炬的高度和排放气体的有效抬升高度决定了污染物扩散效率。通过对 2008 年 11

月 2—3 日有雾弱风天气进行的环流模拟试验表明，水平风速超过 3 m/s 时，过山气流以爬流为主，污染物排放的有效高度超过 3 m/s 风速层时（实验结果表明，这个高度为 150～200 m），有利于大气扩散。

建议尽量提升火炬有效高度，减少烟羽对下游地区的影响，减少在凌晨到早晨等层结稳定时的污染气体排放。

第 11 章　某安置房项目太阳辐射测量应用

某安置房位于宁波市江北区，南起环城北路，北、西、东三面环水，西邻余姚江干流，北、东两面紧靠余姚江支脉。为做好太阳能利用工作，提高可再生能源在建筑中的应用水平，根据《浙江省建筑节能管理办法》，遵循国家和浙江省建筑节能设计标准，以绿色、实用、经济、高性价比为设计目标，安置房的太阳能热水系统项目采用“集中集热—分户储热—分户加热”的半集中式太阳能热水系统，项目建筑单体均为 11 层的小高层，共 12 栋 1207 户。

该太阳能热水系统项目距最近的气象站鄞州国家基本气象站仅 11.2 km，项目的太阳辐射测量工作在鄞州站内进行，满足设计计算要求（图 11.1）。

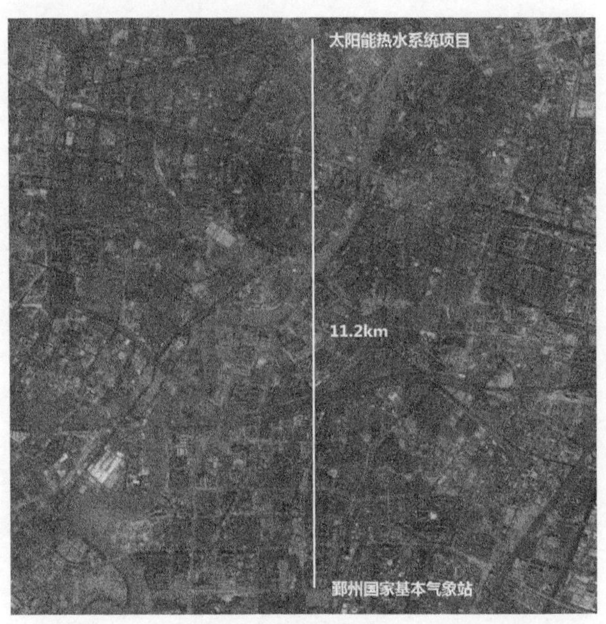

图 11.1　项目与太阳辐射测量点位置示意图

11.1　测量仪器

太阳辐射测量仪器型号为 Pyranometer CM6B(ISO 1. Class)，仪器安装在鄞州国家基本气象站观测场南面，仪器感应面不受任何障碍物影响（图 11.2）。太阳辐射测量仪器支架高度 1.50 m，方位正北，水平安置，测量范围 0～2000 W/m^2，分辨率 1 W/m^2，准确度 5%。

图 11.2　鄞州站内的太阳辐射测量仪器

11.2　测试时间确定

依据应至少选择 1 个晴天和 1 个阴天的测试条件，结合中短期天气预测，选定的测试时间共 3 d，具体日期为：2014 年 11 月 4 日、2014 年 11 月 6 日、2014 年 11 月 13 日。

11.3　实际测量

下列实际测量中，各整点时刻的辐射量，是指前一时刻 01 分至该整点时刻的太阳辐射量，如 06 时表示 05:01—06:00（北京时，下同）的太阳辐射量。

（1）第一次测量时间为 2014 年 11 月 4 日（表 11.1），当日总太阳辐射量 16.42 MJ/m^2，白天平均总云量 0 成（晴天）。

表 11.1　2014 年 11 月 4 日太阳辐射实测（MJ/m^2）

时间	辐射量	时间	辐射量	时间	辐射量	时间	辐射量
00:00	0	06:00	0	12:00	2.54	18:00	0
01:00	0	07:00	0.08	13:00	2.44	19:00	0
02:00	0	08:00	0.61	14:00	2.15	20:00	0
03:00	0	09:00	1.35	15:00	1.67	21:00	0
04:00	0	10:00	1.97	16:00	0.97	22:00	0
05:00	0	11:00	2.35	17:00	0.29	23:00	0

（2）第二次测量时间为 2014 年 11 月 6 日（表 11.2），当日总太阳辐射量 6.23 MJ/m^2，白天平均总云量 10 成（阴天）。

表 11.2　2014 年 11 月 6 日太阳辐射实测(MJ/m²)

时间	辐射量	时间	辐射量	时间	辐射量	时间	辐射量
00:00	0	06:00	0	12:00	0.71	18:00	0
01:00	0	07:00	0.01	13:00	1.24	19:00	0
02:00	0	08:00	0.05	14:00	1.19	20:00	0
03:00	0	09:00	0.14	15:00	1.14	21:00	0
04:00	0	10:00	0.54	16:00	0.58	22:00	0
05:00	0	11:00	0.46	17:00	0.17	23:00	0

(3)第三次 2014 年 11 月 13 日(表 11.3),当日总太阳辐射量 9.84 MJ/m²,白天平均总云量 9 成(阴天)。

表 11.3　2014 年 11 月 13 日太阳辐射实测(MJ/m²)

时间	辐射量	时间	辐射量	时间	辐射量	时间	辐射量
00:00	0	06:00	0	12:00	1.96	18:00	0
01:00	0	07:00	0.03	13:00	2.06	19:00	0
02:00	0	08:00	0.14	14:00	1.31	20:00	0
03:00	0	09:00	0.43	15:00	0.59	21:00	0
04:00	0	10:00	1.25	16:00	0.39	22:00	0
05:00	0	11:00	1.55	17:00	0.13	23:00	0

根据太阳辐射实际测定情况,参照浙江省工程建设标准《居住建筑太阳能热水系统设计、安装及验收规范》(DB 33/1034—2007)和国家标准《民用建筑太阳能热水系统应用技术规范》(GB 50364),该安置房项目获得了由国家住建部颁发的一星级绿色建筑设计评价标识(国内首个保障房类绿色建筑项目)。

第 12 章　深化气候可行性论证工作的对策建议

开展重大规划和项目的气候适宜性、风险性以及局地气候影响评估，能够从源头上避免极端天气的不利影响。在应对和适应气候变化的战略中，气候可行性论证正在发挥越来越重要的作用，并已深入到社会发展的各个方面。

12.1　气候可行性论证的现状和特点

(1)法规逐步完善，管理渐趋规范

改革开放特别是 21 世纪以来，气候可行性论证的规范管理工作取得了突飞猛进的发展。2000 年颁布实施《中华人民共和国气象法》，为气候可行性论证提供了明确的法律依据。2009 年起施行的《气候可行性论证管理办法》，明确了各级气象主管机构在气候可行性论证工作中的主体责任，同时首次明确了气候可行性论证的基本定义，标志着气候可行性论证工作进入规范发展阶段。《国家气象灾害防御规划(2009—2020 年)》进一步要求“建立气象风险评估和气候可行性论证制度”。近年来，一些省市相继出台了气候资源开发利用和保护的相关条例或办法，一些地方政府则已将气候可行性论证纳入了行政许可与非行政许可。

伴随气候可行性论证工作的广泛开展，许多重大工程设计气候参数和计算方法得以统一，气候可行性论证行业标准和规范相继发布。2017 年，中国气象局对《气候可行性论证管理办法》进行了修订，成立了中国气象服务协会气候可行性论证专业委员会。随着《气候可行性论证机构确认管理暂行办法》等有关规定的实施，气候可行性论证的业务领域、技术方法、论证流程、指标体系等都得到了逐步完善和规范。

(2)服务专业可靠，领域不断拓展

科学应对气候变化，可以在预设的安全系数下为工程项目算好经济账打下基础。对于三峡水电站、青藏铁路、南水北调等国家重大工程，气象部门不仅在开工前进行论证，在建设中做好气象保障服务，还在建成后持续监测和评估其对气候的影响[11]。随着气候可行性论证体系的逐步完善和各地相关规章制度的进一步细化，气候可行性论证工作已成为一项重要的气候应用业务，并取得了明显的社会和经济效益。

经济的高速发展，规划的推陈出新，城市化和重大工程建设的不断推进，政府和公众对气候变化和防灾减灾工作的日益重视，使气候可行性论证的领域得以不断拓展。目前，我国气候可行性论证已广泛应用于建筑(高耸、大跨度、复杂体型结构等)、能源(风能、太阳能、核电、火电、天然气输送、电网建设规划、输变电工程等)、交通设施(公路、铁路、桥梁、陆岛连接、码头、机场建设和运营等)、水利设施(水利枢纽、河道堤坝)、化工(石化炼油、液化天然气等)、城镇规划(城市排水、污水处理、城市环境、城市灾害、海绵城市)、旅游(文化体验园、旅游风景区规划开发评级、避暑胜地、天然氧吧)、工厂技改、农产品(种植、养殖)引进等诸多领域[12-14]。

12.2 当前开展气候可行性论证存在的问题

(1)社会认知存在偏差,问责机制普遍缺乏

气候可行性论证是法律赋予气象部门的职责和义务,地方各级气象部门在认真学习宣传《气候可行性论证管理办法》的同时,积极和当地政府沟通,出台了有地方特色的管理办法,很多地方政府直接发文明确规定省管权限重大规划、重点工程项目必须开展气候可行性论证。但全社会对气象部门的认知偏差由来已久。长期以来,公众已习惯于将气象业务简单等同于天气预报,对规划建设与气候的密切关系缺乏了解。由于对气候可行性论证的法律和业务宣传力度不够,以及气象部门的社会管理职权有限,导致社会公众对气候可行性论证业务认知不足。一些项目业主不了解重大项目建设之前必须开展气候可行性论证,还有一些项目业主错误地认为没有开展气候可行性论证的建设项目同样可以建设、竣工及运营。一些项目的建设方只注重眼前利益,缺乏合作配合意识,对气候可行性论证的认可度不高,阻碍了这项工作的开展。同时,部分政府职能部门错误地认为,重大建设项目开展气候可行性论证会影响项目的建设进度,甚至认为如果论证不能通过会导致项目建设停滞,因此项目业主及政府职能部门对气候可行性论证工作的支持力度不够。

虽然相关法律法规赋予了气象部门开展气候可行性论证的管理职责和行政处罚权,如《气候可行性论证管理办法》第 19 条规定:“对于应当进行气候可行性论证而未经气候可行性论证的项目建设单位,可给予责令改正、警告和行政罚款等措施。”但由于项目来源信息不明确,执法力度不足,部分政府职能部门不支持等因素,气象部门开展气候可行性论证专项执法面临诸多困难。《气象法》等相关法律、规章对必须开展气候可行性论证的项目有一定的类别规定,但都是概念上的定性,缺乏细化和权威的解释,在实践中容易造成项目界定不清并引起争议,难以操作实施,加之相关政策不配套,缺乏合理的问责机制和强制措施,约束力不强。目前,气候可行性论证项目主要来源于建设单位需要而非必选项,有一些地方虽已将气候可行性论证纳入项目立项审批流程,但区域发展不平衡,尤其是在偏远地区,由于气候可行性论证必须坚持委托自愿、有偿、委托方付费等原则,气象部门缺乏对违背气候条件和具有气候风险的项目进行“惩罚”或“叫停”的机制,造成气候可行性论证工作在某些地区难以开展。

(2)人才队伍总体不足,专业技能有待提升

气候可行性论证是技术含量高的工作,涉及的领域非常广泛,许多重大工程的设计建设可能涉及工程、大气环境、气象等多个学科,不仅要具备很高的综合素质和扎实的应用气候学功底,还需要了解项目所在地的天气气候特点,需要了解项目对哪类天气气候有较高的敏感度,需要深刻理解气象与经济的关系。气候可行性论证从初期简单地提供气候资料到现在能全程提供气象保障,论证方法和技能已经有了质的飞跃,但历史积淀不足,很多论证项目个例很少,既没有前人的经验也谈不上系统性的理论,高校也没有开设专门的专业课程,因此,还没有形成能精准定位解决问题的人才队伍。

气候可行性论证工作涉及各行各业,应根据不同行业、项目的具体要求找到其最关心的气象条件,如工程安全要求极高的核电厂对极端气象事件和风荷载的敏感性强,桥梁的钢箱梁合

龙施工阶段对气温的要求高，设计最大风速是输电线路铁塔设计的重要指标，等等，在这些论证和评价工作开展过程中，都需要有专门的研究和有针对性的服务。另外，获取足够的基础资料是做好气候可行性论证的基础和难点，但由于目前常规观测网较难捕捉到研究所需要的中小尺度灾害性气象事件，即使捕捉到部分灾害性天气过程，常规的气象观测方式和仪器也无法测量到工程所需关键而高精度的数据，无法提供更加细致和更具代表性的气象参数，因此，掌握最新科技成果和分析最新观测资料的专业能力仍需加强和提升。

12.3　深化气候可行性论证的对策建议

当前，如何适应气候变化和更好地应对极端天气气候事件已日益受到各级政府的重视，作为应对气候变化重要责任单位的气象部门，要以服务经济社会的可持续发展为己任，发挥社会管理职能，完善体制机制，苦练内功素养，提升服务能力，将气候可行性论证工作向更深、更广的方向推进。

(1)进一步完善气候可行性论证管理体制机制

在行政审批制度改革和优化营商环境的背景下，气象部门要及时调整思路，积极应对新问题、新挑战，不宜强求在相关规章中体现气候可行性论证的职能性、约束性要求，要主动与当地发展改革、规划、建设、水利等政府职能部门沟通协调，尽早解决项目界定不清的瓶颈难题，依据法律规定共同制定必须开展气候可行性论证的项目类别清单并及时向社会公布。

要根据需要，改变以往单一项目的论证方式，逐步推行区域气候论证评估模式，即对重大项目集中布局的开发区、产业园区、现代服务业集聚区、试验区等进行区域气候可行性论证评估，由当地政府(园区管委会)组织实施。各级气象部门要顺应形势变化，及时研发区域性气候论证中气象参数的估算方法和软件系统，研究制定区域气候可行性论证的技术方法、行业标准、业务流程和审查环节，及时将气候可行性论证从单个项目模式调整到区域论证模式。

要进一步改进气候资料使用机制，完善气候可行性论证技术方法和标准的制定。为获取科学、合理的工程气象设计参数，基础气象资料必须具有代表性，体现时代性。因此，要逐步改变我国相关标准和规范仍沿用陈旧气象数据的现状，根据最新的气象资料补充和修订相关的标准和规范。要在城市规划和建设中切实维护好气象站的周边环境，切实保证气象站观测资料的准确性和延续性，为制定工程标准和规范提供扎实的基础条件。同时要形成气候可行性论证的技术规范体系，尽早规范气候可行性论证报告的内容，使之具有完整的结构、规范的格式，从而保证气候可行性论证报告在编写和审查中有章可循，也便于报告的查询、检索和归档[15]。

要积极探索气候可行性论证的运行管理机制，加强内引外联，整合气象部门、高等院校与有关研究院所的各类人才，大力提升气候可行性论证工作的能力和水平。要充分发挥气象部门社会管理职能，与发展改革、财政、规划、建设等相关部门加强沟通合作，充分发挥各部门专长，切实解决现有气候可行性论证规范无法全覆盖的问题，在提高气候可行性论证科学性的同时提高部门和建设单位认可度。

(2)切实提高理论、人才、探测资料的支撑能力

虽然 2001 年高绍凤等[16]就提出了气候可行性论证的基本内容和技术方法，但尚未改变气候可行性论证仍局限于单纯的应用业务层面以及软科学研究论文很少的现状，需要不断地

进行深层次的探索。例如,城市建设和气候变化导致的风速减小可以降低对建筑物抗风能力的要求,从而减少工程总体成本,但对于具有高耸结构、特殊造型或柔性结构的工程建筑来说,风致灾损不仅是由于平均风速产生的风压,阵风产生的结构振动、抖动等,还是由于致灾致损效应的存在。新的观测资料也发现,在气候变化和城市化发展的影响下,阵风强度有增加趋势,对建筑物的抗风能力提出了更为精细的要求。气候自身变化和人类生产生活共同影响出现了很多新的气候现象、极端事件和发展需求,要把这些新的需求转化为科学而有针对性的气候可行性论证,必须通过多门类专业知识的积累、技术方法的改进、高水平软科学的研究,才能使人类采取的应对气候变化和防灾减灾的具体行动和措施更为细致、更加到位。由此必须在着力提升学术关注度的同时逐步形成论证指南并集成业务系统,将气候可行性论证上升到理论高度。

随着经济社会的发展,人类工程已经深入到山区、峡谷、荒漠、海岛、远海等人烟稀少的区域,现有的常规气象探测尚未触及或难以触及,如输变电线路、通信设施、交通设施、风电场等多设在偏远地区,影响这些工程的风、冰、低温、雷击、暴雨、泥石流等工程气象参数极为复杂。在工程建设中,政府和施工方对于经济效益和投资非常关注,而在保证安全的前提下如何通过科学的气候可行性论证为项目算好经济账,是一项专业性很强的工作,需要具备扎实而系统的气象专业知识、丰富的实践经验以及气象部门内外多个专业的协作。实践证明,服务对象非常看重论证部门的经验、承担项目人员的知名度等因素。因此,要潜心培养知名专家,尤其是有跨行业知识的专家型队伍。当前形势下,还应在加强人才队伍建设的同时树立"领导协调—谈判沟通—技术研究—应用人才"的系统性人才观。

1999 年建成的日本明石海峡大桥,提前 13 年即在工程位置建起高达 200 多米的气象塔进行工程气象观测,从而确保了大桥的顺利建成和通车安全。参证站的选择,现场探测资料提供地适当与否是做好气候可行性论证工作的关键。现代工程建设和经济开发项目越来越注重安全性、经济性,越来越强调低碳环保,越来越重视与气候环境的和谐统一,也对气候可行性论证的基础建设和技术发展提出了更高的要求。因此,必须在苦练内功的同时与建设方搭建起沟通的桥梁。要以需求为牵引,进一步提升基础气象资料的质量。要根据当地气候和灾害性天气特点,布设建立适合本地、长期而先进的工程气象专业探测网,发展近地边界层精细探测系统(如激光雷达、超声波测量技术等),在满足提前观测需要的同时逐步提高数据支撑能力。

(3)着力提升气候可行性论证社会认可度和影响力

气候可行性论证能否有所作为,很大程度上取决于广大公众对气候变化问题的重视程度。零点研究咨询集团 2009 年开展的气候变化公众意识调查显示,认为气候变化是"最紧迫需要解决的问题"的公众有 33.5%,有超过八成(83%)的公众表示"愿意"为改善气候环境而付出实际行动。各级气象部门可以充分利用各种媒体及自有影视节目、网站、微信公众号等渠道,让公众知道气候可行性论证不是一个遥远而又高深的概念;要主动宣传 1940 年美国华盛顿州塔科马海峡大桥建成四个月就被大风摧垮等因为气候可行性论证缺失导致灾祸的事例,使人们认识到违背天气气候规律所付出的巨大代价;认识到合理开发利用气候资源的重要性和应对气候变化的紧迫性,引导广大公众了解项目建设与气候变化的关系提出合理的意见建议,通过公众认知水平的提升助推气候可行性论证的稳步开展[17]。

气候可行性论证需要各部门的配合。规划和项目建设所在的部门是重要的气候影响责任履约者,也是气候风险的主要利益相关者。他们对气候可行性论证科学依据的了解程度决定了其对气候可行性论证评估报告的贯彻程度，要结合生态文明建设这一政治要求，加强对政府职能部门和项目业主的业务宣传，广泛、深入地向全社会特别是发展改革、建设、规划、交通、电力等部门宣传气候可行性论证工作的重要性和必要性。要增强主动意识，及时收集当地统筹推进的规划和重大建设项目，逐一梳理，跟踪对接，对必须开展气候可行性论证的，应依照有关规定及时跟进，并上门做好宣传解释工作。

要适应社会需求，主动开展云海、宝光、雨凇、雾凇、日出、日落等天气景观资源的普查，要根据气候环境监测数据积极开展避暑气候、避寒气候、四季如春气候、阳光充足气候、空气清新气候、生态宜居气候、养生气候的普查分析和论证，开展景区旅游气候舒适度论证等。要更好地发挥气象服务“三农”的职能作用，积极研发农村地区气候承载力指标，推动气候可行性论证纳入乡镇规划设计和管理体系，在主动做好社会服务工作的同时提升气候可行性论证的影响力。

参 考 文 献

[1] 宋丽莉. 我国气候可行性论证的作用与实践[J]. 阅江学刊,2013(3):31-34.

[2] 苏志,李秀存,周绍毅. 重大建设工程项目气候可行性论证方法研究[J]. 气象研究与应用,2009,30(1):37-39.

[3] 彭王敏子,沈竞,徐卫民. 建筑风环境气候可行性论证实例分析[J]. 气象与减灾研究,2019,42(3):218-223.

[4] 中国气象局. 气候可行性论证规范:资料收集(QX/T426—2018)[S]. 北京:气象出版社,2018.

[5] 苏志,黄梅丽. 气候论证的内容和技术方法探讨[J]. 广西气象,2005,26(3): 17-19.

[6] 吴静, 姚猛. 大型工程项目的气候可行性论证方法[J]. 北京农业,2014(12): 164.

[7] 谭冠日,严济远,朱瑞兆. 气候应用手册[M]. 北京:气象出版社,1991:42-111.

[8] 史军,徐家良,谈建国,等. 上海地区不同重现期的风速估算研究[J]. 地理科学,2015,35(9):1191-1197.

[9] 中华人民共和国住房和城乡建设部. 建筑结构荷载规范:GB 50009—2012[S]. 北京:中国建筑工业出版社,2012.

[10] 庞加斌,林志兴,葛耀君. 浦东地区近地强风特性观测研究[J]. 流体力学实验与测量,2002,16(3):32-39.

[11] 伍毓柏, 周显信. 我国气候可行性论证的现状、问题与对策[J]. 阅江学刊, 2012, (5): 51-56.

[12] 房小怡,郭文利,马京津,等. 低碳城市规划与气候可行性论证[J]. 气象科技进展,2014,4(5):42-47.

[13] 顾建峰. 气候可行性论证技术论文集[M]. 北京: 气象出版社, 2014.

[14] 史军,温康民,穆海振,等. 重大工程气候可行性论证进展[J]. 气象科技进展,2016,6(6):15-21.

[15] 袁业畅,何飞,廖洁,等. 气候可行性论证规范报告编制(QX/T 423—2017)行业标准解读[J]. 标准科学,2018(11):131-135.

[16] 高绍凤,陈万隆,朱超群,等. 应用气候学[M]. 北京:气象出版社,2001.

[17] 陈胜东,徐卫民,桂保玉,等. 浅析江西省气候可行性论证工作存在的问题及对策[J]. 气象与减灾研究,2019,42(2):140-145.

附录 A 气候可行性论证管理办法*

第一条 为了加强对气候可行性论证的管理，规范气候可行性论证活动，合理开发利用气候资源，避免或者减轻规划和建设项目实施后可能受气象灾害、气候变化的影响，或者可能对局地气候产生的影响，根据《中华人民共和国气象法》等有关法律、法规的规定，制定本办法。

第二条 在中华人民共和国领域和中华人民共和国管辖的其他海域从事气候可行性论证活动的组织和个人，应当遵守本办法。

本办法所称气候可行性论证，是指对与气候条件密切相关的规划和建设项目进行气候适宜性、风险性以及可能对局地气候产生影响的分析、评估活动。

第三条 国务院气象主管机构组织管理全国的气候可行性论证工作。

地方各级气象主管机构在上级气象主管机构和本级人民政府的领导下，组织管理本行政区域内的气候可行性论证工作。

其他有关部门和单位应当配合气象主管机构做好气候可行性论证工作。

第四条 与气候条件密切相关的下列规划和建设项目应当进行气候可行性论证。

（一）城乡规划、重点领域或者区域发展建设规划；

（二）重大基础设施、公共工程和大型工程建设项目；

（三）重大区域性经济开发、区域农（牧）业结构调整建设项目；

（四）大型太阳能、风能等气候资源开发利用建设项目；

（五）其他依法应当进行气候可行性论证的规划和建设项目。

第五条 气象主管机构应当根据城乡规划、重点领域或者区域发展建设规划编制需要，组织开展气候可行性论证。

规划编制单位在编制规划时应当充分考虑气候可行性论证结论。

第六条 项目建设单位在组织本办法第四条第（二）项至第（五）项规定的建设项目时，应当进行气候可行性论证。

第七条 建设项目的气候可行性论证应当由国务院气象主管机构确认的具备相应论证能力的机构（以下称论证机构）进行。

论证机构进行建设项目的气候可行性论证时应当编制气候可行性论证报告，并保证报告的真实性、科学性。

第八条 气候可行性论证报告应当包括下列内容：

（一）规划或者建设项目概况；

---

* 中国气象局第 18 号令《气候可行性论证管理办法》已于 2008 年 11 月 25 日经中国气象局局务会审议通过，现予公布，自 2009 年 1 月 1 日起施行。

（二）基础资料来源及其代表性、可靠性说明，通过现场探测所取得的资料，还应当对探测仪器、探测方法和探测环境进行说明；

（三）气候可行性论证所依据的标准、规范、规程和方法；

（四）规划或者建设项目所在区域的气候背景分析；

（五）气候适宜性、风险性以及可能对局地气候产生影响的评估，极端天气气候事件出现概率；

（六）预防或者减轻影响的对策和建议；

（七）论证结论和适用性说明；

（八）其他有关内容。

第九条　论证机构进行气候可行性论证，应当使用气象主管机构直接提供的气象资料或者经过省、自治区、直辖市气象主管机构审查的气象资料。

现有气象资料不能满足气候可行性论证需要的，应当开展现场气象探测，探测仪器、探测方法和探测环境应当遵守气象探测有关法律、法规、规章和标准、规范、规程。

现场气象探测所获取的气象资料应当按照国家有关规定向国务院气象主管机构或者省、自治区、直辖市气象主管机构汇交。

第十条　气候可行性论证采用的技术方法应当符合现行的国家或者有关行业、地方制定的标准、规范和规程。

现行的标准、规范和规程不能满足需要的，应当采用经过有关领域专家评审的成熟理论和技术方法。

第十一条　气象主管机构或者其委托的机构应当组织专家对建设项目的气候可行性论证报告进行评审，并出具书面评审意见。

下列建设项目的气候可行性论证报告由国务院气象主管机构或者其委托的机构组织专家进行评审：

（一）国家重大基础设施、公共工程和大型工程建设项目；

（二）跨省、自治区、直辖市行政区域的工程建设项目；

（三）法律、法规、规章规定的其他应当由国务院气象主管机构评审的建设项目。

前款规定以外的气候可行性论证报告由建设项目所在地的省、自治区、直辖市气象主管机构或者其委托的机构组织专家进行评审。

评审通过的报告和评审意见作为建设项目的立项、设计或者审批的依据。

第十二条　必须进行气候可行性论证的建设项目，属于审批制和核准制的，由政府投资主管部门在审核项目可行性研究报告和申请报告前征求同级气象主管机构的专业性意见。属于备案制的，按照相关备案管理办法执行。

第十三条　负责规划或者建设项目审批、核准的部门应当将气候可行性论证结果和专家评审通过的气候可行性论证报告纳入规划或者建设项目可行性研究报告的审查内容，统筹考虑气候可行性论证报告结论。对可行性研究报告或者申请报告中未包括气候可行性论证内容的建设项目，不予审批或者核准。

咨询评估单位的评估报告中应当包括对气候可行性论证报告的评估意见。

其他有关法律、法规有特殊规定的，按照其相应的规定执行。

第十四条　在气候可行性论证活动中禁止下列行为：

（一）伪造气象资料或者其他原始资料的；

（二）出具虚假论证报告的；

（三）涂改、伪造气候可行性论证报告书面评审意见的。

第十五条 国家鼓励和支持有关气候可行性论证的科学技术研究和开发，推广应用气候可行性论证科技研究成果，提高气候可行性论证技术水平。

第十六条 国务院气象主管机构应当会同有关部门根据经济社会发展需要和气候变化状况，制定和完善与气候可行性论证有关的标准、规范和规程。

在气候可行性论证活动中应用的成熟理论和技术方法应当尽快转化为标准、规范和规程。

第十七条 违反本办法规定，不具备气候可行性论证能力的机构从事气候可行性论证活动的，由县级以上气象主管机构按照权限责令改正，给予警告，可以处三万元以下罚款；造成损失的，依法承担赔偿责任。

第十八条 违反本办法规定，有下列行为之一的，由县级以上气象主管机构按照权限责令改正，给予警告，可以处三万元以下罚款；情节严重的，由国务院气象主管机构进行通报；造成损失的，依法承担赔偿责任；构成犯罪的，依法追究刑事责任：

（一）使用的气象资料，不是气象主管机构直接提供或者未经省、自治区、直辖市气象主管机构审查的；

（二）伪造气象资料或者其他原始资料的；

（三）出具虚假论证报告的；

（四）涂改、伪造气候可行性论证报告书面评审意见的。

第十九条 违反本办法规定，项目建设单位有下列行为之一的，由县级以上气象主管机构按照权限责令改正，给予警告，可以处三万元以下罚款；构成犯罪的，依法追究刑事责任：

（一）应当进行气候可行性论证的建设项目，未经气候可行性论证的；

（二）委托不具备气候可行性论证能力的机构进行气候可行性论证的。

第二十条 气象主管机构以及论证机构的工作人员在气候可行性论证工作中玩忽职守、滥用职权、徇私舞弊，尚不构成犯罪的，由所在单位给予处分；构成犯罪的，依法追究刑事责任。

第二十一条 境外组织、机构和个人在中华人民共和国领域和中华人民共和国管辖的其他海域从事气候可行性论证活动，应当与国务院气象主管机构确认的论证机构合作进行，并经国务院气象主管机构批准。

经批准从事气候可行性论证活动的境外组织、机构和个人，应当向所在地的省、自治区、直辖市气象主管机构备案并接受监督管理。

第二十二条 本办法自2009年1月1日起施行。

附录 B　宁波市气候资源开发利用和保护条例*

第一章　总　则

第一条　为了合理开发利用和保护气候资源，科学应对气候变化，有效推进生态文明建设，根据《中华人民共和国气象法》《中华人民共和国可再生能源法》《浙江省气象条例》和有关法律、法规，结合本市实际，制定本条例。

第二条　本条例适用于本市行政区域以及管辖海域内的气候资源开发利用和保护活动。

本条例所称气候资源，是指能为人类生产和生活所利用的太阳辐射、风、热量、云水、大气成分等自然物质和能量。

第三条　气候资源开发利用和保护应当遵循统筹规划、科学开发、合理利用、保护优先的原则。

第四条　市和区县(市)人民政府应当加强对气候资源开发利用和保护工作的领导和协调，加强气候资源监测基础设施建设，将气候资源开发利用和保护工作纳入国民经济和社会发展规划，所需相关经费纳入本级财政预算。

镇(乡)人民政府和街道办事处在气象主管机构的指导下，做好气候资源开发利用和保护相关工作。

第五条　气象主管机构负责气候资源开发利用和保护工作的指导、监督管理和技术服务。

发展和改革主管部门负责太阳能光伏发电、风力发电等气候资源开发利用项目的管理，以及应对气候变化与控制温室气体排放方案的编制和组织实施等工作。

城乡规划、住房和城乡建设、经济和信息化、城市管理、农业、林业、国土资源、水利、海洋与渔业、环境保护、科技、旅游等部门应当按照各自职责，做好气候资源开发利用和保护相关工作。

第六条　市人民政府应当根据国家和省有关规定，与周边城市人民政府建立沟通协调机制，建立健全气候资源信息共享制度。

第七条　气象主管机构和有关部门应当积极向社会公众普及气候资源开发利用和保护的基础知识，增强社会公众对气候资源开发利用和保护的意识。

第八条　鼓励公民、法人和其他组织参与气候资源的开发利用和保护，支持相关科学技术研究和先进技术的推广使用。

---

* 2016 年 12 月 27 日宁波市第十四届人民代表大会常务委员会第三十六次会议通过，2017 年 5 月 26 日浙江省第十二届人民代表大会常务委员会第四十一次会议批准。

第二章 气候资源监测与区划、规划

第九条 市气象主管机构统一组织、协调本市气候资源监测、分析和评价工作，开展气候变化趋势预测，为应对气候变化提供气象服务产品和技术指导，每年发布本市气候状况公报。

第十条 气象台站和其他依法从事气候资源监测的组织和个人开展气候资源监测活动应当遵守国家制定的有关技术标准、规范和规程，使用经依法审查合格的气象专用技术装备和经检定合格的气象计量器具。

气候资源监测活动所获得的气象探测资料，应当按照国家规定向有关气象主管机构汇交。

收集、处理、存储、传输、发布气候资源监测资料，应当遵守国家有关技术规范和保密规定。

第十一条 气象主管机构应当对气候资源监测资料进行汇总分析，建立气候资源数据库，并按照国家规定向社会提供气候资源信息共享服务。

第十二条 市人民政府负责组织市气象、发展和改革、城乡规划、环境保护、农业、林业和海洋与渔业等机构和部门开展气候资源综合调查和评价，评估气候承载力和可利用程度，编制气候资源区划，并予以公布。

气候资源区划应当包括气候资源分布现状、保护重点，区划对象对气候资源条件的指标要求，气候资源优势、问题以及对策、建议等内容。

第十三条 市和区县(市)人民政府负责组织气象、发展和改革、城乡规划、国土资源、环境保护、农业、林业、海洋与渔业等机构和部门，根据国民经济和社会发展规划和气候资源区划，编制气候资源开发利用和保护规划，并予以公布。

气候资源开发利用和保护规划应当包括下列内容：

(一)气候资源监测、分析、评价系统建设；

(二)气候资源开发利用的方向和重点；

(三)气候资源保护的范围；

(四)气候资源开发利用项目适合建设的范围；

(五)气候资源开发利用和保护措施。

第十四条 气候资源开发利用和保护规划应当与土地利用总体规划、城乡规划、生态环境功能区规划、海洋功能区划等规划衔接、融合。

编制气候资源开发利用和保护规划，应当听取有关部门、专家和社会公众的意见。

第三章 气候资源开发利用

第十五条 气候资源开发利用应当依据气候资源开发利用和保护规划有序进行，任何组织和个人开发利用气候资源，不得破坏生态环境、损害公共利益和他人的合法权益。

气候资源开发利用中涉及规划、土地、建设、环保等管理事项的，有关单位和个人应当依照相关法律、法规规定办理。

第十六条 鼓励单位和个人安装使用太阳能或者空气能热水系统、供热系统、制冷系统和太阳能光伏发电系统等气候资源利用系统。

鼓励太阳能、风能等多能利用照明系统在城乡基础设施中的应用。

建设单位应当根据国家和省规定的技术规范，在建筑物设计和施工中，为太阳能、空气能的利用提供必备条件。

第十七条　鼓励太阳能光伏在建筑上的应用。

市和区县（市）人民政府支持有条件的居住建筑、新建屋顶面积三千平方米以上的工业建筑和公共建筑在屋顶建设分布式光伏发电系统。

第十八条　市和区县（市）人民政府应当依据气候资源开发利用和保护规划，在风能资源丰富地区统筹规划风能项目，合理利用风能资源。

风力发电项目建设单位、施工单位应当坚持科学设计、文明施工，减少工程实施对山体、植被、道路、水土等方面的影响，并做好项目建成后的修复、恢复等工作。

第十九条　市和区县（市）人民政府应当加强对雨雪景观、云雾景观、避暑气候等特色旅游气候资源的开发利用，促进已建成的风力发电场等开发建设项目与自然风景、人文景观相结合。

第二十条　市和区县（市）人民政府在农村地区因地制宜推广户用太阳能、小型风能等技术，并对农村地区的户用太阳能、小型风能等气候资源开发利用项目提供财政支持。

第二十一条　农业主管部门应当统筹安排农业建设项目，引导、支持农业经营主体建设温室、大棚等农业设施，合理开发利用热量资源。

第二十二条　气象主管机构应当会同农业主管部门根据当地生态和气候状况，组织开展农业防灾减灾气象服务和农用天气预报，开展病虫害发生气候趋势预测分析和农业气象灾害监测预警评估，组织开展农产品气候品质评价，推广农业气象适用技术。

第二十三条　气象主管机构应当根据抗旱蓄水、森林防火、防灾减灾等需要，按照人工影响天气作业方案，适时组织开展增雨防雹等人工影响天气作业，合理利用云水资源。

第二十四条　列入国家和省可再生能源产业发展指导目录的太阳能、风能等气候资源开发利用项目，可以按照国家和省有关规定享受优惠政策。

第四章　气候资源保护

第二十五条　市和区县（市）人民政府应当采取节能减排、湿地保护、城乡绿化等生态环境保护措施，减缓气候变化，优化气候资源条件，提升城市应对内涝、干旱、高温、大风、雨雪冰冻等灾害的能力。

第二十六条　气象、城乡规划、住房和城乡建设、城市管理、水利等机构和部门在编制相关规划时，应当因地制宜采取屋顶绿化、透水铺装、增加雨水收集利用设施等措施，有效控制雨水径流，实现雨水自然积存、自然渗透、自然净化的城市发展方式。

城市、镇规划区内，建设用地面积两万平方米以上的新建民用建筑，应当按照国家和省有关标准同步建设雨水收集利用系统。

山区、有居民的海岛等水资源短缺地区和森林防火重点区域，应当配套建设雨雪水收集利用设施，拦蓄雨雪水。

第二十七条　城市规划和建设应当合理利用大气污染物扩散气象条件，科学设置、调整通风廊道，减缓热岛效应，避免和减轻大气污染物的滞留。

第二十八条　气象主管机构及有关主管部门应当加强气候资源保护的监督管理，避免气候环境恶化，对可能造成气候环境不利影响的建设项目，应当采取座谈会、听证会、论证会等形式，听取社会公众意见。

第二十九条　城乡规划、国家重点建设工程、重大区域性经济开发项目和大型太阳能、风能等气候资源开发利用项目应当按照国家和省有关规定开展气候可行性论证，具体办法由市人民政府另行制定。

市发展和改革主管部门会同市气象主管机构根据国家和省有关规定具体确定气候可行性论证目录。

气候可行性论证应当使用符合国家气象技术标准的气象资料。

第三十条　有关部门在规划编制和项目立项中，应当统筹考虑气候可行性和气象灾害的风险性，避免和减少气象灾害、气候变化对重要设施和工程项目的影响。

建设单位按照有关规定报送项目可行性研究报告或者项目申请书时，应当对涉及的利用气候资源情况分析以及对生态环境的影响分析的真实性负责。

第三十一条　经气候可行性论证的气候资源开发利用项目，建设单位应当根据气候可行性论证报告，采取相应对策和措施，预防项目风险，减轻不利影响，提高气候资源利用效率。

已经实施的建设项目对气候资源造成了重大不利影响的，气象主管机构应当向建设项目所在地的区县(市)人民政府提出建议，区县(市)人民政府应当责成有关部门和建设单位采取相应的补救措施。

第三十二条　市和区县(市)人民政府应当加快产业结构和能源结构调整，将应对气候变化相关指标纳入城乡规划体系、建设标准和产业发展规划，提高城市应对气候变化的能力。

第三十三条　市和区县(市)人民政府应当建立温室气体排放统计、核算和监测制度，控制所辖区域温室气体排放总量和强度，将温室气体排放基础统计指标纳入政府统计指标体系。

发展和改革主管部门应当逐年编制温室气体排放清单。

引导和鼓励企业参与碳排放权交易，碳排放权交易的具体办法由市人民政府另行制定。

法律责任

第三十四条　违反本条例规定的行为，国家和省有关法律、法规已有法律责任规定的，依照其规定处理。

第三十五条　违反本条例第二十九条第三款规定，气候可行性论证使用的气象资料不符合国家气象技术标准的，由气象主管机构责令改正，给予警告，并可处一万元以上五万元以下罚款。

第三十六条　气象主管机构和其他有关部门及其工作人员违反本条例规定，在气候资源开发利用和保护工作中滥用职权、玩忽职守、徇私舞弊的，由有权机关责令改正，对直接负责的主管人员和其他直接责任人员依法给予行政处分；构成犯罪的，依法追究刑事责任。

附　则

第三十七条　本条例中下列用语的含义是：

(一)气候资源监测，是指利用气象仪器仪表等观测设施、设备对气候资源相关的气象要素和现象等进行系统观察、测量和推算的活动。

(二)气候资源区划，是指对一定区域范围内的气候资源，按照相关特征的差异程度，依据特定指标参数划分出若干等级的区域单位。

（三）农产品气候品质认证，是指根据农产品品质与气候的密切关系，通过数据采集整理、实地调查、实验建模、对比分析等技术手段，为气候对农产品品质影响的优劣等级做出综合评定的过程。

第三十八条 本条例自2017年7月1日起施行。

气候可行性论证的宁波实践

黄鹤楼　丁烨毅　顾思南　胡　波
杨　栋　岑炬辉　姚日升　编著

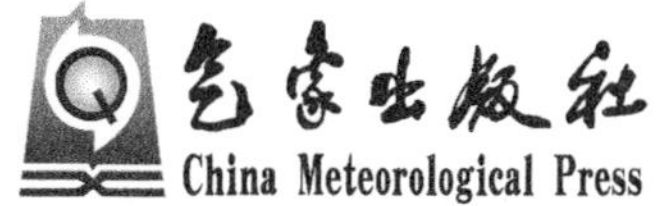

内容简介

开展气候可行性论证，既有利于避免或减轻气象灾害对重大规划和建设项目造成的干扰和破坏，也能很好地预防项目实施过程中或完工后可能对气候和环境产生的不利影响，并促进气候资源的合理开发利用。本书系统地总结了宁波开展气候可行性论证工作的方法、研究成果和创新实践，内容丰富、资料翔实、图文并茂，可供项目建设和规划部门、有关行业的科技、管理人员和高校师生参考。

图书在版编目(CIP)数据

气候可行性论证的宁波实践 / 黄鹤楼等编著. — 北京：气象出版社，2020.8

ISBN 978-7-5029-7235-6

Ⅰ.①气… Ⅱ.①黄… Ⅲ.①气候-可行性研究-宁波 Ⅳ.①P46

中国版本图书馆 CIP 数据核字(2020)第 131628 号

气候可行性论证的宁波实践

Qihou Kexingxing Lunzheng de Ningbo Shijian

出版发行：气象出版社

地　　址：北京市海淀区中关村南大街 46 号　　**邮政编码**：100081

电　　话：010-68407112(总编室)　010-68408042(发行部)

网　　址：http://www.qxcbs.com　　**E-mail**：qxcbs@cma.gov.cn

责任编辑：王　迪　陈　红　　**终　　审**：吴晓鹏

责任校对：王丽梅　　**责任技编**：赵相宁

封面设计：博雅思

印　　刷：北京中石油彩色印刷有限责任公司

开　　本：787 mm×1092 mm　1/16　　**印　　张**：7

字　　数：180 千字　　**彩　　插**：1

版　　次：2020 年 8 月第 1 版　　**印　　次**：2020 年 8 月第 1 次印刷

定　　价：40.00 元